微信公众号

舌尖上的
安全
Eating Safely and Healthily

3

主　编　程景民

副主编　田步伟　王　玲　邢菊霞

文　稿

编　者（以姓氏笔画为序）

于海清　王　君　王　玲　王　媛　元　瑾　毛丹卉　卞亚楠

田步伟　史安琪　邢菊霞　任　怡　刘　灿　刘　俐　刘　楠

刘磊杰　李　祎　李昊纬　李欣彤　李敏君　李靖宇　吴胜男

张　欣　张晓琳　张培芳　武众众　范志萍　郑思思　胡家豪

胡婧超　袁璐璐　徐　佳　郭　丹　郭　佳　曹雅君　梁家慧

程景民　谭腾飞　熊　妍　潘思静　薛　英　籍　坤

视　频

制　　片：李海滨　　　　　　　　技术统筹：杜晋光

责任编辑：宋铁兵　刘磊杰　　　　节目统筹：张亚玲

摄　　像：李士帅　李志彤　王磊磊　　监　　制：郭　晔　王杭生

后　　期：郭园春　王丽莎　郝　琴　　总监制：赵　欣　魏元平　柴洪涛

人民卫生出版社

图书在版编目（CIP）数据

舌尖上的安全. 第 3 册 / 程景民主编. —— 北京：人民卫生出版社，2017

ISBN 978-7-117-25414-4

Ⅰ.①舌… Ⅱ.①程… Ⅲ.①食品安全－普及读物 Ⅳ.①TS201.6-49

中国版本图书馆 CIP 数据核字（2018）第 001327 号

人卫智网	www.ipmph.com	医学教育、学术、考试、健康，购书智慧智能综合服务平台
人卫官网	www.pmph.com	人卫官方资讯发布平台

舌尖上的安全（第 3 册）

主　　编：程景民
出版发行：人民卫生出版社（中继线 010-59780011）
地　　址：北京市朝阳区潘家园南里 19 号
邮　　编：100021
E - mail：pmph @ pmph.com
购书热线：010-59787592　010-59787584　010-65264830
印　　刷：北京铭成印刷有限公司
经　　销：新华书店
开　　本：710×1000　1/16　印张：13
字　　数：206 千字
版　　次：2018 年 3 月第 1 版　2018 年 3 月第 1 版第 1 次印刷
标准书号：ISBN 978-7-117-25414-4/R·25415
定　　价：47.00 元

打击盗版举报电话：010-59787491　E-mail：WQ @ pmph.com
（凡属印装质量问题请与本社市场营销中心联系退换）

《舌尖上的安全》
———————
学术委员会

学术委员会主任委员：
周　然（山西省科学技术协会）

学术委员会副主任委员：
李思进（中华医学会）
李青山（中国药学会）
谢　红（山西省科技厅）

学术委员会委员：
王永亮（山西省食品科学技术学会）
王红漫（中国卫生经济学会）
王斌全（山西省科普作家协会）
刘宏生（山西省食品科学技术学会）
刘学军（山西省老年医学会）
李　宁（国家食品安全风险评估中心）
李　梅（山西省卫生经济学会）
邱福斌（山西省营养学会）
张　红（山西省预防医学会）
张勇进（山西省医师协会）
陈利民（山西省疾病预防控制中心）

邵　薇（中国食品科学技术学会）

郝建新（山西省科学技术协会）

胡先明（山西省健康管理学会）

郭丽霞（国家食品安全风险评估中心）

黄永健（山西省食品工业协会）

梁晓峰（中华预防医学会）

曾　瑜（中国老年医学会）

谢　红（山西省科技厅）

前言

2015 年 4 月，十二届全国人大常委会第十四次会议表决通过了新修订的《食品安全法》。这是依法治国在食品安全领域的具体体现，是国家治理体系和治理能力现代化建设的必然要求。党中央、国务院高度重视食品安全法的修改，提出了最严谨标准、最严格监管、最严厉处罚、最严肃问责的要求。

新的《食品安全法》遵循"预防为主、风险管理、全程控制、社会共治"的原则，推动食品安全社会共治，鼓励消费者、社会组织以及第三方的参与，由此形成社会共治网络体系。新的《食品安全法》增加了食品安全风险交流的条款，明确了风险交流的主体、原则和内容，强调了风险交流不仅仅是信息公开、宣传教育，必须是信息的交流沟通，即双向的交流。

本书以《舌尖上的安全》节目内容为基础，全书由嘉宾与主持人的对话讨论为叙述形式，并借力新媒体技术，通过手机扫描二维码，即可观看《舌尖上的安全》同期节目视频，采用一种图

文并茂、生动活泼的创新手法，在双向的交流中深入浅出地解读食品安全知识。

《舌尖上的安全》在前期的编导及后期的编写工作中得到尊敬的陈君石院士、王陇德院士、庞国芳院士、孙宝国院士、岳国君院士、钟南山院士、朱蓓薇院士、吴清平院士在专业知识方面给予的指导和帮助，谨此对他们致以衷心的感谢。

食品安全涉及诸多学科，相关研究也在不断发展，由于作者知识面和专业水平的限制，书中难免有错漏和不妥之处，敬请专家、读者批评指正。

程景民

2018 年 2 月

目录

反复冷冻的肉会滋生细菌吗？

我们的生活节奏越来越快，生活中越来越多的人为了方便省事一次性买大量的肉类，一次吃不完放进冰箱冷冻室，想吃的时候取出来解冻食用，吃不完再次放进冰箱冷冻，反反复复。殊不知，这样的行为不仅让食物变了味，还滋生出大量的细菌。将食物冷冻起来并不意味着消毒，而是在低温状态下延缓细菌繁殖速度，如果再次冷冻，下次再取出解冻食用的话，细菌数量会成倍增加，容易导致食物在短期内变质。除了造成食物细菌数量增加之外，冷冻—解冻—再冷冻—再解冻的过程也很容易造成食物的蛋白质流失和改变。这也是很多食物解冻再冷冻后味道变化的原因。可是现实生活中，我们有时真的忙到没有时间去现买现做，这种情况下我们该如何冷冻肉才能最大限度地保证健康保持风味呢？程老师建议把一大块肉切成每次可以食用完的小分量冷冻保存起来，这样不仅食用方便，提高肉的冻结速度，还可以减少冷冻解冻的次数，减少细菌滋生，延缓变质过程。以下是调查研究、实验验证以及程老师的专业解答。

程老师，我们知道这正月里，家家户户都会买肉，而且会一下子买很多，买回家先冻在冰箱里，什么时候想吃什么时候拿出来吃，吃不完再放入冰箱。

是的，很多家庭都有这样的习惯，不只是过春节，平常也是。

对呀，现在生活水平提高了，好多人的一日三餐都离不开肉。有些人嫌每天买肉麻烦，会一下子多买一些放在家里。如此一来，就会遇到一个如何保存肉的问题。很多市民当时不吃，就把肉切成小块放到冷冻室里冻上了。

然而在生活中我们经常还会遇到这样的情况，从冰箱里拿出一块肉，解冻后一次没吃完，剩的那一部分还把它冻上。如果暂时吃不着就还搁回去，再冻着。那程老师，反复冷冻的肉会不会让细菌大量滋生呢？

先抛开会不会有细菌滋生这个话题，肉反复冷冻，就食品安全来讲，总归是一种不科学的生活方式，最好是吃多少买多少。

那如此反复冷冻肉到底会不会滋生细菌呢？最近，上海一家具有国家认证和资质的第三方检测机构，对此进行了检测。我们一起来看一下。

将市场上买来的鲜肉，在连续的五天中，先进行冰箱的冷冻，取出后进行解冻，切取每日的食用量，来测细菌总数，观察这个细菌生长的趋势。在检测人员的帮助下，将同一块鲜肉反复冷冻解冻了四次，在每次解冻后进行采样，检测样品中的菌落总数。

实验结果显示，新鲜肉测出来的菌落总数是 7.5×10^5CFU/g，第四次冷冻解冻后检测出的结果是 1.6×10^7CFU/g，最后一次测得的结果是最初没有冷冻时测试结果的 15 倍左右。

反复冷冻四次后，菌落总数竟然是最初的 15 倍，这又意味着什么呢？

该机构专家称，在这次测试中，测试的周期比较短，虽然菌落总数很高，但是食物并没有变质，而专家认为这样一块肉，已经是属于高风险的范围之内，因此专家还是提醒大家，不要有反复冷冻和解冻的操作过程。

看来反复冷冻过的食物并不安全，而之前有网友还认为冷冻会冻死细菌，不应该会出现细菌大量繁殖的现象，但实验结果却与网友的认知不同。程老师，这又是什么原因呢？

冷冻是经过降低温度和水活度来抑制各种化学反应，以此来达到推迟食物变质的目的。降温的速度越快，食物中的水分子构成的结晶越小，也就越不容易毁坏食物微观构造的完好性。

也可以这么理解，冷冻越快，越能保障食物的不腐败变质。但是，即便是"速冻"，也无法冷冻出足够小的冰晶，食物中细胞膜的构造会被较大的冰晶给毁坏掉。因此，我们在生活中也会发现，速冻食物跟新鲜食物比起来，口感会差一些。

冷冻构成的冰晶难以伤到细菌，冷冻是不会把食物中的细菌全部杀死的，从冰箱里取出肉类食物，在解冻的过程中，温度升高，还有随着湿度变化，食物表面没有被杀死的细菌就会从蛰伏状态清醒，开始少量繁殖。而且反复冷冻食物，会破坏食物细胞，这样的环境更有利于细菌繁殖。

安全提示

反复冷冻食物并不会杀死细菌，反而会更利于细菌繁殖。

程老师的专业解读和实验结果都告诉我们，食物冷冻这种保存方法并不是百分之百的安全。那程老师，在保存肉这方面，您能给我们一些好的建议吗？

嗯，如果实在需要做冷冻保存的时候，我建议大家把一大块肉切成每次可以食用完的小分量，分装于带盖的食品盒内或双层塑料保鲜袋中；如果买来的肉计划在几天内食用完，则可放入冰箱冷藏室内温度较低的位置，准备长期储存的，则应放入冰箱的冷冻室内；采取速冻可以保持肉类原有的鲜度和味道。最好的情况应该还是现吃现买，不要反复冷冻，这样既影响风味，又容易引起细菌污染，带来食品安全的风险。就像我们之前说过的，冰箱不是"保险箱"，它只是起到一个延缓食物变质的作用，并不能保障食物不变质。

安全提示

吃肉还是现买现吃，实在需要冷冻的时候就把它分成小份，尽量避免反复冷冻。

好的，为了咱们的身体健康，就要把今天程老师给我们讲的这些知识和建议都记住。关注食品安全就是关注我们的健康。最后再次谢谢程老师。

红肉竟会致癌？

　　2015 年 10 月 26 日，隶属于世界卫生组织（WHO）的国际癌症研究机构（IARC）正式发布消息，称加工肉制品属于致癌食物，而且各种红肉属于 2A 级致癌食物。这个消息几乎在各种媒体上刷屏。加工肉制品居然和砒霜列在一类，是真的么？很多网友感叹说：看来只能吃白水煮鸡肉了？不吃香肠火腿，也不吃猪肉牛肉，就算不得癌症，也会馋死、饿死啊……肉还能健康地吃吗？

　　我们先来仔细看看这份报告，下面是《人民日报》报道的该研究成果："世界卫生组织下属的国际癌症研究机构评估了红肉和肉类加工品的致癌性，26 日发布结论认为，食用红肉（生鲜红肉，即牛、羊、猪等哺乳动物的肉）可能致癌，因此将之列为"致癌可能性较高"的食物，列入第二级 A 类致癌因素，同时将肉类加工品（火腿、香肠、肉干等加工肉制品）列入第一级致癌因素。"

　　所以，对于朋友圈疯传的消息，我们一定得有辨别的能力。本期节目，我们将跟着程老师科学地解读"红肉"。

程教授，最近我在网上看到了一份国际癌症研究机构发布的报告，着实把我吓了一跳，说是常吃红肉会致癌。您听说了么？

是，我也听说了。

是不是觉得很恐怖？它其实就是把加工肉制品，比如香肠和火腿等列为了致癌物。而把牛肉、羊肉和猪肉等归为了"疑似致癌物"。但研究机构对培根致癌的说法反反复复，实在是让我们公众难以相信啊。

其实，任何科学结论，包括饮食与健康关系的结论，都是随着时间的推移和研究的深入而变化的。比如之前有说法称，多吃鸡蛋会使胆固醇升高，但通过实验发现，每天吃2个鸡蛋，连续吃12周后，胆固醇并没有明显变化。

而且，最新发布的《中国居民膳食指南》中建议居民每天应摄入40~50g的鸡蛋，这个量其实就相当于一整个鸡蛋的量，也就是说我们吃鸡蛋最好是蛋清蛋黄一起吃。反过来说，即便某种食物是致癌物，能否致癌还在于它诱发癌症的剂量，同时，人们食用的各种食物，成分之间会产生一定的效应，比如说，新鲜蔬菜会对致癌物有所抵消或中和。

哦，原来是这样。我想电视机前的观众朋友们肯定跟我一样，不是很清楚到底这红肉、白肉到底指什么。那什么样的肉是红肉，什么样的肉是白肉呢？

红肉和白肉，一般是从动物性食物的颜色上分（图 2-1）。红肉一般是说猪、牛、羊等肉，而白肉一般是说鸡、鸭、鹅、鱼、虾、蟹等肉。红肉通常在耐力型的活动时用到，能够支撑长期的能量消耗，而且这种肌肉含有丰富的肌红蛋白和血红蛋白，恰好这两种蛋白的颜色呈血红色。这就是红肉看上去呈血红色的原因。

图 2-1　红肉和白肉的分类标准

而白肉呢，主要用于短时间的活动中，比如高频率爆发力强的动作，像百米冲刺这类的运动。因为没有足够的肌红蛋白，我们把它称为白肉。

简单来说，它们之间的区别就在于肌红蛋白、血红蛋白的多少。

哦，是这样。虽然红烧肉、炖牛肉很诱人，但是很多人不敢大快朵颐，怕红肉吃多了致癌。真的是吃红肉致癌，吃白肉健康吗？

其实呢，每种食物都有它各自的营养特点，单一的食物中所含的营养并不能满足我们身体所有的营养需要。拿红肉来说，它含有一种叫做共轭亚油酸的物质，有抗癌的作用。红肉的脂肪偏多，而且富含矿物质尤其是铁、锌，并且容易被人体所吸收、利用，还有丰富的蛋白质等。红肉被列入可能致癌物，但红肉本身并不含有致癌物，也并不是只要吃红肉就有促进癌症的危险。

从营养学的角度来讲，红肉和白肉的蛋白质含量丰富，一般是在 10%~20%，而且它们都是我们日常生活中优质蛋白质的来源。但是，白肉中脂肪的营养价值要高于红肉。红肉中的铁含量一般比白肉高。

红、白肉中的维生素含量十分丰富。有维生素 A、维生素 B、维生素 D 和维生素 E；红、白肉中的矿物质含量也十分丰富。红、白肉还含有较多的磷、硫、钾、钠、铜、钙等，其中钙的含量虽然不高，但吸收利用率很高。

✕ 安全提示

吃红肉更应该注意的是烹调的方式。大家应当避免的是煎炸、烧烤、烟熏以及腌制红肉。

红肉和加工肉类并非洪水猛兽，正如人们每天摄入的盐一样，只要适量，致癌的效应很难出现。总的来说，红肉、白肉都健康，科学处理很重要。只要数量不过多，烹调时不用炭烤、烟熏、油炸的方法，烹调后不焦糊、不过咸，搭配适当谷物和蔬菜水果，就可以愉快吃肉了。

如果火腿、培根等加工肉类制品真的致癌，可能是其中什么物质引起的？

在加工肉制品的腌制过程中，会加入食盐和亚硝酸盐，主要是亚硝酸钠。如果人们拿起一个超市销售的包装好的肉肠、培根、火腿产品，只要是粉红色或深红色的产品，仔细看一下配料表，上面都会找到"亚硝酸钠"四个字。这个物质就是人们所恐惧的，所谓隔夜菜里可能产生的毒物。它的作用是帮助加工肉制品展现漂亮的粉红色，控制肉毒梭菌的增殖风险，延长保质期，同时产生一种火腿特有的风味。至今世界上还没有找到什么物质能完全替代亚硝酸盐的作用，所以各国均许可使用它。

不过，加工肉制品比冷藏隔夜菜更让人担心，并不在于它的亚硝酸盐含量略高一点。亚硝酸盐固然多吃时有毒，但它本身不致癌，一定要和蛋白质分解出来的胺类物质结合在一起，它才能变成亚硝基化合物这类致癌物，常见的是亚硝胺。

蔬菜里的蛋白质很少，而且仅仅冷藏一晚上，形成的致癌物少到可以忽略，至今也没有看到冷藏隔夜菜会增加患癌风险的可靠流行病学证据。但是腌肉就不一样了。肉类是蛋白质的大本营，在腌制、存放过程中，不可避免地产生蛋白质分解产物，又遇到特意添加进去的亚硝酸钠，所以它必然会产生微量的亚硝胺。这种致癌物对食管癌、胃癌和肠癌都有促进作用。如果日常多吃加工肉制品，就意味着每天给自己的胃肠里送点亚硝胺致癌物。所以说，吃新鲜肉和吃加工肉制品，健康效果是不一样的。研究证据也表明，哪怕平均每天只吃两片培根那么少的加工肉制品，都会增加肠癌的风险。

如果实在想吃加工肉制品，比如火腿、培根、香肠，能不能偶尔吃？

加工肉制品本身确实无益健康，它们既含有微量致癌物，又含有相当高的盐分，比家里做的肉咸得多。除了增加肠癌等癌症的风险之外，还有一些证据表明它可能会增加高血压和心脑血管疾病的风险，而没有看到什么好处。

虽说如此，加工肉制品也不是一口都不能吃。砒霜只要吃一丁点就会致人死命，而加工肉制品是在多年之后才可能看到严重后果，它们的毒性不可同日而语。从致癌性角度来说，它也没有烟草那么因果明确。把火腿等加工肉制品和砒霜、烟草之类并列，只是说都有可能增加癌症风险的可靠证据，而不是说它们的毒性完全相同。媒体此前如此报道，只是为了吸引眼球而已。

火腿、培根、香肠之类，为健康考虑，建议只是"偶尔食用"，比如每个月只有两三次，或者周末、假日、年节时享用一下。而且，它们也要纳入红肉类食物的总量限制。比如说，这顿吃了火腿，就不必再加上红烧肉了。偶尔吃就能保证身体尽量少接触致癌成分，而且也不妨碍生活中的美食感。很多情况下，天天想吃什么吃什么也就没意思了，节日偶尔放纵口味，更能感受到生活的丰富和欢乐。

这对于我们吃货来说简直就是天大的喜讯。程老师刚刚提到了"科学处理"，那我们平时该如何选择吃肉才既不伤身又能享受到美味呢？

健康吃肉的标准可以归为四点：

第一，要选择新鲜符合卫生标准的肉类食品，这是最重要的。

第二，把握每日肉类的摄入量，《中国居民膳食指南》建议我国居民每人每天摄入 70 ~ 75g 的禽畜肉类或者水产类食物。由于蛋白质的消化需要较长的时间，所以为了充分发挥红、白肉的营养价值，应该注意将每一天的红、白肉分散到每餐中。

第三，选择合理的烹调方法，如蒸、煮、炖、焖等；我国烹调红肉还是以炒的方法最为广泛，炖和煮可以使人体更易消化吸收，但由于加工过程中加热时间较长，也可使一些对热不稳定的维生素破坏。蒸也是一种非常不错的烹调方法。需要注意的是，在食物的烹调过程中，尽量避免油炸和烟熏。

第四，食物多样，相互搭配。因为禽畜肉蛋白质的含量较高，适宜与谷类食物搭配食用。另外，经常更换肉类的品种可以让我们的饮食更加得丰富。

综合来讲，食物多样很重要，科学选择很重要，同时也要注意适当烹调。另外，我再教大家一些平时日常生活中处理肉需要注意的地方：首先就是反复解冻肉容易招细菌，买了肉吃不完，可以把肉切成小块放进冷冻室，一次只拿够吃的量。最好用微波炉解冻肉，将功率调到低火；或者是提前将肉放在冰箱冷藏室，让它慢慢自行解冻；再有就是用流水冲泡冻肉；最不建议的方式是用非流水泡肉解冻。

第二个需要注意的就是鲜肉不安全，冷却肉最好。通常来说，牲畜在屠宰处理后，大约 4 小时后肉质会出现僵化，再过一段时间才会自行解僵成熟，质地变得柔软有弹性，而且肉香浓郁。按照这个过程慢慢成熟的肉质地最好。不过，由于热鲜肉的储存温度偏高，加上肉表面潮湿，容易滋生细菌。冷冻肉虽然比热鲜肉卫生状况好，但在解冻过程中，水分、汁液的损失，会使肉口感和营养变差。只有介于热鲜肉和冷冻肉之间的冷却肉，温度一直保持在 0 ~ 4℃，营养和安全能两者兼顾。所以我建议大家在买肉时要看清"冷却肉"字样，有些标注"排酸肉"的肉品也属于此类，售卖时会一直保存在冷柜中。

那这样说来红肉营养价值丰富，合理搭配，健康烹煮，对我们的身体健康还是非常有益的。大家还是要平时多多关注食品安全，对自己的健康负责。

瘦肉精的前世今生

2006 年 9 月，上海发生瘦肉精中毒事件，涉及 9 个区 300 多人中毒入院。而导致如此大范围中毒的原因，是因为个别生猪养殖户使用了违禁的瘦肉精喂养生猪，生猪经销者伪造检疫合格证逃避检验，导致含有"瘦肉精"残留的猪肉流向了零售市场。中国最早报道的瘦肉精中毒事件是 1998 年供港活猪引起的，此后这类事件经常发生，如 2001 年广东曾经出现过批量中毒事件。瘦肉精在上海曾经引发了几百人的中毒事件，而在中国台湾，由于从美国进口的猪肉里含有瘦肉精，几乎挑起一场政治争端。由于西方国家一般不消费动物内脏（内脏特别是肝脏则会残留瘦肉精），因而，在美国、加拿大、新西兰等国，瘦肉精这类物质的使用是合法的。

瘦肉精是一类药物，在中国通常所说的瘦肉精是指克伦特罗（clenbuterol），而普通消费者则把此类药物统称为瘦肉精。盐酸克伦特罗是一种 β- 兴奋剂，20 世纪 80 年代初美国一家公司开始将其添加到饲料中，增加瘦肉率。当它们以超过治疗剂量 5～10 倍的用量用于家畜饲养时，即有显著的营养"再分配效应"——促进动物体蛋白质沉积、促进脂肪分解、抑制脂肪沉积，能显著提高胴体的瘦肉率、增重和提高饲料转化率，因此曾被用作牛、羊、禽、猪等畜禽的促生长剂、饲料添加剂。

瘦肉精让猪的瘦肉率提高，带来更多经济价值，但它对人体有很危险的副作用。它用量大、作用的时间长、代谢慢，所以在屠宰前到上市，在猪体内的残留量都很大。这个残留量通过食物进入人体，就使人体渐渐地蓄积中毒。如果一次摄入量过大，就会产生异常病理反应的中毒现象，因此而被禁用。

吃了含"瘦肉精"的猪肉到底会怎样？美国为什么对"瘦肉精"先禁后用？我们到底该如何选择健康猪肉？本期节目为您解答。

程老师，在开始今天的话题之前呢，我想先给您讲个笑话。

好啊，你讲。

话说师徒四人正在赶路，忽然间黄沙漫天，许多妖怪从天而降，上前捉了猪八戒，转身就跑。八戒大声道："你们抓错了，下边那个白白嫩嫩的才是唐僧！却抓我老猪干啥啊？"妖怪回答："猪肉价格这么高，眼前吃顿猪肉倒是要紧！"

哈哈。

提到猪肉，我想大家肯定都不陌生，现在随着我们生活条件的提高，猪肉也成为了我们经常使用的烹饪食材。但是，近年来，有许多关于猪肉的负面报道，比如有毒猪肉流入双汇公司的"瘦肉精事件"，因此人们对瘦肉精也开始谈之色变。那么，程老师，您能给我们讲讲这瘦肉精究竟是什么？吃了瘦肉精会怎样呢？

好，我来讲一下。瘦肉精是一类药物的统称，主要是肾上腺类、β-兴奋剂（β-agonist），我们这里讲的"瘦肉精"主要指盐酸克仑特罗，简称克仑特罗（clenbuterol，CL），又名克喘素、氨必妥。用于治疗支气管哮喘、慢性支气管炎和肺气肿等疾病。克仑特罗较易经胃肠道吸收，能激动 $β_2$-受体，对心脏有兴奋作用。

原来瘦肉精是一种药物的统称，如果吃了瘦肉精会怎样？

因为瘦肉精可以起到营养再分配的作用，促进动物机体肌肉组织生长，减少脂肪的沉积，所以服用"瘦肉精"的生猪，毛色红润光亮，收腹，卖相好；屠宰后，肉色鲜红，脂肪层极薄，往往是皮贴着瘦肉，瘦肉丰满。但猪吃了瘦肉精后，会逐渐发生四肢震颤无力，心肌肥大、心力衰竭等毒副作用。人类食用含"瘦肉精"的猪肝0.25kg以上者，常见有恶心、头晕、四肢无力、手颤等中毒症状。所以，大家知道了这个机制，那么就可以推论出，其对有心脏病、高血压病、甲亢、前列腺肥大等疾病病人和老年人的危害更大。

✕

安全提示

食用"瘦肉精"的猪会出现毒副作用，人类食用含"瘦肉精"成分的食物后会出现中毒症状。

原来瘦肉精对猪的伤害如此之大。那瘦肉精是怎么出现的？既然它对我们伤害如此之大，那为什么要研制出瘦肉精呢？

盐酸克伦特罗是在20世纪80年代初期，由美国某公司研制的。因为它可以促进增长，减少脂肪含量，提高瘦肉率，所以欧美等国首先将其广泛用于畜禽养殖。

既然瘦肉精在欧美等国广泛用于畜禽养殖，在那些食用了注入瘦肉精肉类
的地区肯定会出现肉类中毒事件了。

是的。比如 1989 年 10 月至 1990 年 7 月在西班牙出现了
35 人中毒，1992 年该国北部地区又出现 232 人中毒；
1990 年秋季，法国 8 个家庭 22 人中毒（图 3-1）。由于这
些事件的出现，后来美国已经禁止使用盐酸克伦特罗。

图 3-1　肉类中毒人数

程老师，盐酸克伦特罗在美国被禁止食用，那么在我国又是怎样规定
的呢？

我国农业部 1997 年发文禁止瘦肉精在饲料和畜牧生产中
使用，商务部自 2009 年 12 月起，禁止进出口莱克多巴胺
和盐酸莱克多巴胺。2001 年中国农业部又规定"瘦肉精"
在任何肉食动物中不得检出。

程老师，既然美国已经禁止食用"瘦肉精"，那现在为什么开始又带头使用"瘦肉精"了？

此"瘦肉精"非彼"瘦肉精"。美国这次使用的是盐酸莱克多巴胺，而不是盐酸克伦特罗。1999 年底，美国食药局（FDA）批准将盐酸莱克多巴胺添加于猪饲料中。如今，在美洲和亚洲的 24 个国家，比如美国、泰国等，均允许使用莱克多巴胺（actopamine，商品名培林）提高猪的瘦肉率。

原来这两种是有区别的。那么您可以给我们详细解释一下同为"瘦肉精"的克伦特罗和莱克多巴胺有什么区别呢？

克伦特罗：①生物利用度高，以至食用了含有克伦特罗的猪肉易出现中毒；②需用量很大，要达到增加瘦肉率效果，饲料里的使用剂量是人用药剂量的 10 倍以上；③使用的时间长、代谢慢，所以在屠宰前到上市，在猪体内的残留量都很大。这个残留量如果通过食物进入人体，就使人体渐渐地蓄积中毒。人食用猪肝或猪肺，更容易引起中毒。世界没有任何正规机构批准克伦特罗作为饲料添加剂用于动物促生长。

莱克多巴胺：①毒性低、代谢快，更安全高效；②作用效率非常高，一吨饲料中加入不到 20g，就可以让最后长肉阶段的猪增加 24% 的瘦肉，减少 34% 的脂肪；③这种物质在体内几乎不蓄积，动物试验和小规模的人体试验发现每 kg 体重的摄入量在 67μg 之下时对人体没有明显损害。FDA 制定的莱克多巴胺残留允许值是猪肉中 50ppb（十亿分之一，50ppb 相当于每 kg 中含 50μg）；牛肉中的安全标准则为 30ppb。在这个残留量的标准下，一个 50kg 的人每天吃上 1250g 猪肉或者 2000g 牛肉都是相当安全的。

了解了两种"瘦肉精"的不同，我想我们也大概知道了"瘦肉精"。那么，程老师，您可以教我们两招，如果吃了"瘦肉精"肉中毒该怎么处理吗？

好的。第一种方法是口服后即洗胃、输液，促使毒物排出。还有一种办法是尽早就医，在心电图监测及电解质测定下，使用保护心脏药物如 1, 6- 二磷酸果糖（FDP）及 $β_1$- 受体阻滞剂（倍他乐克）。

随着生活水平的提高，现在猪肉已经成为我们寻常百姓生活中烹饪选取的必备食材，所以，大家很关心肉类的健康情况。那么，程老师你能教我们在购买猪肉时，怎样选取健康猪肉吗？

一看肥肉：看猪肉脂肪（猪油）。一般含瘦肉精的猪肉肉色异常鲜艳；生猪吃"药"生长后，其皮下脂肪层明显较薄，通常不足 1cm，切成二三指宽的猪肉比较软，不能立于案；瘦肉与脂肪间有黄色液体流出；含有"瘦肉精"的猪肉后臀肌饱满突出，脂肪层非常薄，两侧腹股沟的脂肪层内毛细血管分布较密，甚至充血。二看瘦肉：观察瘦肉的色泽。含有"瘦肉精"的猪肉肉质鲜艳、肉色较深，纤维比较疏松，时有少量"汗水"渗出肉面。而一般健康的瘦猪肉是淡红色，肉质弹性好，肉上没有"出汗"现象。

三测酸碱：用 pH 试纸检测。正常新鲜肉多呈中性和弱碱性，宰后 1 小时 pH 为 6.2 ~ 6.3；自然条件下冷却 6 小时以上 pH 为 5.6 ~ 6.0，而含有"瘦肉精"的猪肉则偏酸性，pH 明显小于正常范围。四看印章：购买时一定看清该猪肉是否盖有检疫印章和检疫合格证明。

安全提示

选取健康猪肉的方法，一看肥肉，二看瘦肉，三测酸碱，四看印章。

程老师的方法简单实用，最重要的是不用花钱就可以辨别。所以，大家在平日里选择购买猪肉时，一定要认真仔细去辨别，以防购买到注入"瘦肉精"的猪肉。

动物的内脏营养吗？

中国人吃动物内脏的习惯由来已久，像熘肝尖、爆炒腰花、辣炒大肠、毛血旺等都是以动物内脏为主要原料制作的传统名菜，爆肚还是北京有名的传统小吃。

相对于动物肉来讲，大多数内脏有更丰富的蛋白质、维生素 A、维生素 B 族和铁、锌、硒等矿物质，这些营养素是我国传统膳食中比较容易缺乏的，所以有人提倡食用动物内脏来补充这些营养素，预防营养缺乏病。但是养殖时随饲料、饮水和空气摄入动物体内的污染物（如重金属、残留农药）、抗生素、激素、饲料添加剂、非法使用的物质在肝脏（其他内脏也相仿）内积聚较多，远高于肌肉。因吃猪肝或其他内脏导致中毒的恶性事件举不胜举。近年来，随着环境污染的加剧，水质的变差，以及农药和激素在养殖业领域的不规范使用，动物内脏的安全性受到质疑，尤其是肝脏和肾脏。因为肝脏是代谢器官，而肾脏是排泄器官，也是毒素最容易蓄积的部位。

很多人对动物内脏情有独钟，喜欢它的美味，比如全球闻名的法国鹅肝、西班牙血肠。然而，还有很多的人是拒绝动物内脏的，认为它含有高胆固醇、高脂肪。一半是无法抗拒的美味，一半是传说中的"健康杀手"。我们到底该如何取舍？动物内脏到底有没有营养呢？动物内脏会不会对人体健康有害呢？带着这些问题，走进本期节目。

程老师，您还记得我们之前聊过关于毛肚的话题，我们还聊到了火锅。

是的，毛肚其实是一种动物的内脏，火锅里面还有很多，比如猪肝、腰花等，很多人都喜欢吃这样的食物。

程老师，为什么火锅里会涮这些东西呢？是从什么时候开始的呢？我听说其实火锅最初是来源于长江边上。重庆的火锅最有名了。

没错。火锅起源于长江边上，那时的江边沙滩是牛羊屠宰集散之地，内脏、头、蹄既多且贱，几文钱便可一解馋气，长江边上拉船的纤夫、码头工人，生活条件艰苦，很难吃上好的食物，于是艰苦的纤夫将其内脏煮食，改善生活，世代相传。历经岁月的悠远流传，而变成现在特色美味佳肴火锅。

原来吃内脏是从拉纤的船夫开始的。

对。后来随着制作工艺的不断完善，动物内脏受到很多人的喜欢。

程老师，据我了解，西方人其实不是很喜欢吃内脏，还有点排斥内脏。

我先给你讲一个小故事吧。有一年，我国台湾地区开美食节，众多吃货云集于台北，兴高采烈地交流着鹅肝、牛肚、猪心、羊肺、牛百叶、猪大肠等美好食材的烹饪之道。这时候，一个从德国赶来参会的美食编辑拍案而起，痛心疾首地说："你们谈的不都是下水吗？那种东西怎么能吃呢？既恶心，又不健康。"

程老师，那法国的鹅肝、西班牙的血肠、意大利的牛肚包，不都是下水吗？其中法国鹅肝甚至还被誉为"顶级食材"，受到多少人的追捧。

 嗯。有人说欧洲人并不排斥下水，只有美国人排斥。其实就在不远的几十年前，美国人也吃下水，二战期间美国政府为了节约开支，开展过一场号召全国人民食用牛下水的大规模宣传活动，一时间"牛肚三明治"和"牛心汉堡"风靡全美！只不过最近这些年美国人开始注重养生了，害怕摄入超量的胆固醇，所以才远离下水。平心而论，下水确实比普通肉类含有更多的胆固醇，吃多了对身体的一些指标带来影响。但是我们不应该抛开剂量谈毒性，胆固醇含量再高，偶尔吃吃有何不可？胆固醇含量再低，一天吃上一斤，照样能吃出"三高"。

不得不说这内脏食物，我就特别喜欢吃。有的人可能觉得看起来吓人，但更多的人拒绝动物内脏是因为高胆固醇、高脂肪。一半是无法抗拒的美味，一半是传说中的"健康杀手"。如何取舍，是摆在众多吃货面前的一个两难选择！

脑花、肥肠、鸡杂等属于高胆固醇食物，但是不同的内脏胆固醇含量不同。根据《中国食物成分表2002》的数据，每100g猪肝（也就是二两）的胆固醇含量是288mg，是含胆固醇非常高的动物内脏之一。100g猪肝的胆固醇含量和50g鸡蛋（约等于一个）相当。其实，《中国居民膳食指南2016》已经取消了对胆固醇摄入量的限制。人们反复研究胆固醇和心脏病之间的联系，目前并没有找到可靠的证据能够证明，只要摄入的胆固醇高，就一定会使血胆固醇升高，从而引发心血管疾病。

猪肝的蛋白质含量在这几种内脏中最高，平均每100g中含有19.3g。同时，猪肝的脂肪含量很低，每100g仅含3.5g脂肪，我们不妨用猪瘦肉的脂肪对比一下，让大家有个概念。每100g猪瘦肉的脂肪含量是6.2g，对比之下可知相同重量猪肝比猪瘦肉的脂肪还低近一半。因此，肝脏是一种高蛋白低脂肪的食物。健康人群如果每周吃一次猪肝，总量不超过100g，是无需担心的。与肝相比，肾（比如猪腰、兔腰等）也是一种高蛋白低脂肪的食物，而且胆固醇含量低于肝脏，也不必过于担心。此外，鸡胗（俗称"郡肝"）是一种不错的选择，高蛋白低脂肪，胆固醇含量不算高。

您说正常人谁天天吃猪肝呢？只要适量摄入对身体健康是不会有影响的，而且还能补充蛋白质。程老师，刚才列举了这么多动物内脏，您觉得哪种最好不要吃呢？

在这些日常常见的动物内脏中，如果一定要说哪一种最好不要吃，我认为是猪大肠（俗称"肥肠"）。肥肠的脂肪含量每 100g 中高达 18.7g，和猪蹄相当，同时蛋白质含量偏低。总的来说，肥肠营养价值不高，所以从这个角度讲，建议少吃。不过提醒大家啊，我给大家的建议都是针对健康的个体，对于有高脂血症、高血压病、心血管系统疾病（如血管硬化、脑梗死和心肌梗死等）、痛风、胆结石、胆囊炎以及肥胖的人群来说，不建议吃动物内脏。

对，有些建议只是根据个别人提出来的，大家根据自己的情况适当采纳。而且有的人吃内脏还是有好处的。那么哪些人适合吃一些内脏呢？

在刚才的节目中，我们和大家聊了聊四川的一道家常菜，就是炒内脏，很多人喜欢吃，但是还有很多人觉得内脏胆固醇偏高，所以避之不及。刚才程老师也解答了我们的疑虑。针对个别人群，像患有高血脂、高血压病等疾病，还有肥胖人群是不建议吃动物内脏的。但是程老师，据我了解其实吃内脏还是有好处的？

这个你说对了。不过这也是对不同的个体。不要拒动物内脏于千里之外，而是应该适量地吃一些，比如贫血、缺锌、铁等微量元素和维生素 A 的人群（图4-1）。孕妇和宝宝应该适量地吃一些肝，预防贫血。动物的

安全提示

内脏对于不同的人群有不同的益处，不同的内脏中含有不同的营养物质，选择时可注意甄别。

血中含有血红素铁，人体对这种铁的利用率高。相比起来，有的蔬菜，比如菠菜，虽然铁的含量也很高，但是是非血红素铁，不易被人体吸收利用。所以，补血、补铁，最好就是吃猪肝。

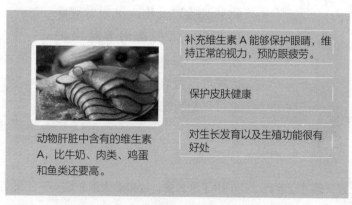

动物肝脏中含有的维生素A，比牛奶、肉类、鸡蛋和鱼类还要高。

补充维生素A能够保护眼睛，维持正常的视力，预防眼疲劳。

保护皮肤健康

对生长发育以及生殖功能很有好处

图 4-1　维生素 A 的营养价值

对，怪不得大人们总说多吃猪肝对眼睛好，原来是因为猪肝里面含有维生素A。

 没错。

您说这内脏好处还是很多，但最近有报道说，日本某省下令禁止餐饮店供应生猪肝商品。理由是"生猪肝内部可能含有致命的E型肝炎病毒，表面也附着沙门菌等细菌，易引起食物中毒"，这让一些人感到恐慌。

生吃猪肝当然要不得。肝脏是供血丰富的器官，理论上讲有携带病毒、寄生虫等的可能性。但是，煮熟之后吃不但保障了安全，也更加利于人体对于营养素的消化和吸收。动物内脏通常腥味比较重，人们常用姜葱来去腥。对于口味比较淡的人士，大家可以做成肝片汤，另外，宝宝可以适当吃些肝泥来预防缺铁。

安全提示

内脏不可生吃，可能含有病毒、寄生虫等，煮熟后安全且有利于消化吸收。

好，刚才程老师给我们讲了这么多，我来给大家总结一下，有四点：第一就是选择蛋白质含量高的内脏，如猪肝、腰花、鸡胗。第二就是避免脂肪含量太高的内脏，如脑花、肥肠。第三点就是健康人每周不要超过一次，50～100g。最后就是切记一定要煮熟了吃。

总结得非常到位。

关于水产品中使用
鱼浮灵的科学解读

近日，媒体报道在水产品里发现添加鱼浮灵，引起了各界关注。从舆论看，主要认为鱼浮灵存在两方面的安全风险。一是鱼浮灵在水体中分解产生的过氧化氢和碳酸钠，有一部分可能会被鱼的体表吸收或通过鳃进入肌肉内，存在隐患。二是认为鱼浮灵作为化学品，其中可能含有铅、砷等重金属，存在隐患。有些不法商贩可能会使用工业级纯度的原料生产出来的过氧化钙或过氧碳酸钠来替代作为鱼药的鱼浮灵。在这种情况下的确可能有引入重金属等有害成分的风险。

早在 2007 年，北京市卫生监督所就曾发出预警：市场上发现了一些鱼商贩为增加鱼的活动力，在水中添加鱼浮灵。鱼浮灵的铅和砷严重超标几百倍，用过鱼浮灵的鱼铅和砷也严重超标，食用这种鱼，会严重危害人的肝、肾、智力等，甚至导致恶性肿瘤发生。

鱼浮灵究竟是什么，它的存在会带来安全隐患吗？本期节目就来揭晓谜底。

程老师，听说您喜欢吃水产品，可是最近我看媒体报道说水产品在养殖运输过程中有添加鱼浮灵的情况。

这个报道我也看到了。

那么这个鱼浮灵到底是什么呢？

鱼浮灵俗称"固体双氧水"，市场上还管它叫粒粒氧、大粒氧和固体增氧片等。它其实就是一种化学增氧剂，在水产品的养殖和流通中经常使用。这类产品的主要成分一般是过氧碳酸钠，大多数是以片剂的形式存在，也有少量以粉剂形式销售。将鱼浮灵放到水中后，会水解为碳酸钠和过氧化氢，这时碳酸钠会提高水的 pH，使过氧化氢溶液在碱性条件下更容易释放氧气，从而起到提高水体溶解氧的效果（图 5-1）。

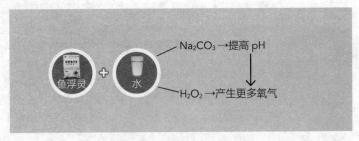

图 5-1　鱼浮灵增氧原理

我懂了，水中溶解的氧多了，鱼虾就都活泼起来了。

是的，鱼浮灵的作用一般是应急增氧，当连续阴天或者光照强烈时，可以通过加入这类化学增氧剂来控制水体微生物的平衡，改善水质。在活体水产品运输过程中，使用鱼浮灵能为鱼、虾、蟹等迅速提供其呼吸所必需的、充足的氧分，这不仅延长了它们的生命，还可以使因缺氧而委靡的鱼虾活跃起来。

原来是这样，那在活鱼运输中，还有什么方法给鱼供氧呢？

鱼体呼吸主要依靠水体中的溶解氧来维持，活鱼运输时，由于鱼高度集中，容器中的水又少，这就会产生水体氧气供应不足。因此在装运时或运输途中需要向包装容器内供氧，以维持鱼的生存需要。目前水产市场上给鱼供氧的方式有以下几种：①淋浴法（曝气），又称循环浴法，这种方法是利用循环水泵将水淋入装有鱼的容器中，如此循环利用不断增加容器中的氧气，以保证鱼的需要。这种方法适用活鱼船、车运输时使用。②充氧法。在运输车上安装氧气瓶或液态氧瓶，通过末端装有砂滤棒或散气石的胶管注入装鱼容器中。这种方法适用于木桶或帆布篓等小型包装敞口运输活鱼时，也适用于鱼苗、鱼种用尼龙袋运输时使用。③充气法。在活鱼运输车上安装空气压缩机，将压缩空气注入盛鱼容器水体中，补充氧气。这种方法适用于木桶、帆布篓、鱼箱、车、船等运输活鱼时使用。④化学增氧法（临时应急处置）。在一些缺乏充氧气等条件的场合，可向运输活鱼容器中添加给氧剂增加水体溶氧。这种方法适用于各种敞口容器运输活鱼时使用。⑤活水船运法。这是水上运输的特殊增氧方法。⑥运输活鱼用氧气浓缩装置。该装置是一种直接从大气中收集氧气的氧气浓缩装置，可直接利用车、船上的电瓶作为电源工作。当然在长时间运输活鱼时，还需要配备其他水质净化装置。鱼浮灵是一种应急处置措施，主要用于鱼类养殖过程中突然缺氧（天气原因、设备故障等）情况，以前在鱼类运输等流通过程中也有使用。

但是有舆论称鱼浮灵分解产物可能对水产品的肉质产生影响，而且可能含有重金属，这可就让我们广大消费者有些担心了，看起来新鲜的鱼虾怎么会有这些食用隐患呢？

关于这点呢，大家先不要担心。从舆论情况看，认为鱼浮灵主要存在两方面的安全风险。

一是鱼浮灵在水体中分解产生的过氧化氢和碳酸钠（图 5-2），有一部分可能会被鱼的体表吸收或通过鳃进入肌肉内，存在隐患。其实，这两种物质对鱼类的产品质量及其安全性一般没有负面影响，目前也没有任何实验证据和理由说明鱼浮灵会对人体造成危害。

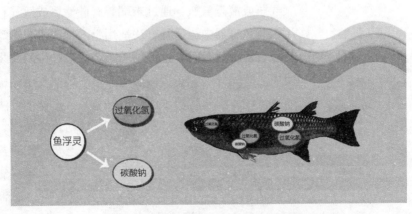

图 5-2　鱼浮灵分解产生过氧化氢和碳酸钠

二是认为鱼浮灵作为化学品，其中可能含有铅、砷等重金属，存在隐患。个别不法商贩可能使用不符合要求的化工品过氧碳酸钠来替代渔业用鱼浮灵，这种情况下确实有可能存在引入重金属等有害成分的风险。不过，鱼塘面积一般在 10 ~ 200 亩不等，水体体积大，要达到全池长效增氧的效果，使用鱼浮灵类化学增氧剂增氧的成本远远高于普遍采用的机械法增氧，所以通常鱼浮灵的使用时间短、用量相对也很小。运输流通过程中鱼浮灵类化学增氧剂的使用时间一般也比较短。由于重金属在鱼体内蓄积需要一定时间，总体来看因使用鱼浮灵带来重金属残留的风险并不高。

那太好了，看来鱼浮灵所带来的食用隐患并没有我们所担心的那么严重，大家也可以放心地挑选新鲜的水产品食用了。但是毕竟鱼浮灵作为一种化学添加剂，而且又涉及重金属蓄积这一问题，那么对于鱼浮灵有没有相关的添加标准或规定呢？

鱼浮灵类增氧产品目前尚没有相关国家标准，而且由于没有治疗鱼病的功能，严格意义上讲也不能作为鱼药来对待。不过，从其主要分解产物过氧化氢来看，是符合国家相关标准规定的。我国农业部第 235 号公告《动物性食品中兽药最高残留限量》中规定，过氧化氢属于"动物性食品允许使用，但不需要制定残留限量的药物"；我国《食品安全国家标准食品添加剂使用标准》（GB 2760—2014）

中规定，过氧化氢属于"可在各类食品加工过程中使用，残留量不需限定的加工助剂"。

所以说，鱼浮灵的分解产物符合国家相关标准规定，是这样吗？

是的。

好的，那么看来由鱼浮灵所带来的食用隐患大家以后可以不用担心了。程老师，能不能关于鱼浮灵给大家提点建议。

1. 进一步推进鱼浮灵类渔业投入品相关法规标准的制修订工作。劣质渔业投入品有可能给渔业生产和渔业产品带来安全风险。由于化学增氧剂、水质改良剂等渔业投入品的功能难以归类，国内尚未形成良好的管理机制。建议制定相应的国家标准、行业规范、使用流通要求等，规范产业发展，保障食品安全，提高消费者对水产品质量与安全的信任度。

2. 对鱼浮灵类产品开展风险监测。用工业级原料生产出来的过氧碳酸钠替代作为渔业投入品的鱼浮灵属于违法行为，可能带来一定风险隐患。建议针对这类产品开展监测，促进产品质量提升。

3. 消费者对使用鱼浮灵所带来的风险不必过于担心。在水产品的养殖和流通过程中使用鱼浮灵所带来的安全风险有限，消费者不必过于担心，注意通过正规渠道购买水产品即可。

最后，教教大家如何挑选新鲜的鱼类食材吧。

使用鱼浮灵的鱼，不会有什么怪气味。即使使用仪器检测，也不一定能检测出鱼是否被撒上了鱼浮灵。建议消费者到正规场所买鱼虾。有以下三种方法可以鉴别鱼类是否受到鱼浮灵污染。

第一，买鱼得赶早，一般开市时的鱼，都是最活跃的，也是最新鲜的。到了下午，鱼就开始缺氧了，而到了傍晚时，鲜活的鱼就不太多了。

第二，选购鱼时还是要选活蹦乱跳的、鱼鳞完整的、游起来有劲的。动作缓慢、鱼鳞破损、表皮颜色发生变化的鱼，一般来说都是苟延残喘的鱼。

第三，新鲜的鱼，收拾鱼的人把它拍死之后，攥在手里，身体仍然是挺的，有的时候还会蹦跶两下。

安全提示

购买鱼类时，要看鱼的眼睛是不是清亮、鱼鳞是不是有光泽。不清亮、光泽度差的鱼很可能就不新鲜了。

好的，谢谢程老师给我们普及这方面的知识。食品安全问题不等于恐慌，市民要相信正常渠道的食品安全信息。来享受营养全面的鱼肉吧。

螃蟹注水的真相

　　吃蟹作为一种闲情逸致的文化享受，是从魏晋时期开始的。《世说新语·任诞》记载，晋毕卓（字茂世）嗜酒，间说："右手持酒杯，左手持蟹螯，拍浮酒船中，便足了一生矣。"这种人生观、饮食观影响许多人。从此，人们把吃蟹、饮酒、赏菊、赋诗，作为金秋的风流韵事，而且渐渐发展为聚集亲朋好友，有说有笑地一起吃蟹，这就是"螃蟹宴"了。螃蟹含有丰富的蛋白质及微量元素，对身体有很好的滋补作用。蟹中含有较多的维生素A，对皮肤的角化有帮助。螃蟹还有抗结核作用，吃蟹对结核病的康复大有裨益。

　　蟹肉性寒，味咸，具有舒筋益气、理胃消食、通经络、散诸热、清热、滋阴之功，可治疗跌打损伤、筋伤骨折、过敏性皮炎。此外，蟹肉对于高血压、动脉硬化、脑血栓、高血脂及各种癌症有较好的疗效。

　　又是一年桂花香，又是金秋蟹肥时。虽然说一年四季都有螃蟹吃，但是秋天才是吃蟹的最好时节。然而本应唱主角的它却面临着巨大的危机——注水螃蟹。据了解，有不少市民表示买到过有"针孔"的螃蟹，虽然煮熟后味道并无差别，但还是怀疑买到了注水螃蟹，一时间搞得人心惶惶。

　　注水螃蟹真的有那么一回事吗？注水后真的会在增加螃蟹重量的同时保证其新鲜度吗？带着这些问题，走进本期节目。

程老师，今天我给您出道谜语，您来猜猜这是什么动物？

要考我，好啊。

胖子大娘，背个大筐，剪刀两把，筷子四双。

这说的是螃蟹吗？

这么聪明，恭喜您回答对了，本期咱们的话题就是螃蟹。程老师，关于这个螃蟹您了解多少？

说起螃蟹，那历史可是久远了，自古以来蟹都是非常美味的食物，东汉郑玄注《周礼·天官》中说道："膳食，若荆州之鱼，青州之蟹胥。"螃蟹富含蛋白质，国人有中秋前后食用河蟹的传统。

您说的对，这个螃蟹很受大家的欢迎，但是最近网上流传了一段视频，一个疑似商贩的女士手拿一支装满橙色液体的针管给螃蟹注射，有观众说，注射液体是为了假造蟹黄，这样的说法，有道理吗？

从理论上来说，这个应该是不可能的，往整蟹里注射假蟹黄，是很容易被看出来的，因为蟹黄基本是沿着蟹壳的边缘、胃部长牢的，中间莫名其妙多了这么一堆，一看就有问题。

那会不会是为了增加蟹的重量，让青蟹压秤。

应该不可能，青蟹是一种非常敏感的动物，往螃蟹体内注入液体会导致螃蟹的迅速死亡。这样对于渔民商贩来说是得不偿失。

关于这个螃蟹注水事件，当地的监管部门还对市场上流通的螃蟹进行了抽查，并未发现有针眼，也没有在螃蟹体内检查出色素，所以关于螃蟹注射液体假造蟹黄应该是没有根据的。而且，水产批发商不可能这么做，也没时间这么做。因为批发市场螃蟹都是一箱一箱卖，根本没有工夫给每只螃蟹打上几针。而零售商大多数也不可能那么做，这样做风险太大，为了给螃蟹增加那么一点重量，没卖出去前就有可能死掉。市民都只愿意买新鲜的活蟹，这样太不划算。从另一个方面来说，要给蟹注入东西，还要再加上人工成本，不会有人愿意做亏本生意。

那视频中注射的液体是什么呢？

关于这个，我们只能推测，也许是当地的一种烹饪方式，在上蒸笼前向螃蟹注入料酒和佐料，使螃蟹更入味。

嗯，观众朋友们这下可以放心了，关于螃蟹注射液体假造蟹黄这个说法是不科学的。

是的。

我知道螃蟹的口味很好，那它的营养价值怎样呢？

 1. 螃蟹肉味鲜美、营养丰富，含有大量蛋白质和脂肪，较多的钙、磷、铁、维生素等物质。每 500g 螃蟹中含蛋白质 49.6g、脂肪 9.3g、糖类 27.2g、磷 1.088mg、铁 33.6mg 和适量维生素 A 等。它既是滋补品又是佳肴，很受人们的喜爱，常是喜筵上的主菜。

2. 蟹黄中的胆固醇含量较高。

那么在市场上怎么选螃蟹呢？您给我们好好讲讲吧。

 一看。优质蟹的背甲壳呈青灰色，有光泽，腹部为白色，金爪丛生黄毛，色泽光亮，脐部圆润，向外凸，肢体连接牢固呈弯曲形状，个大而老健，如果背呈黄色，则肉较瘦弱。另外，如果是活动有力、四处乱爬的蟹则是健壮的好蟹。

二掂。对外观符合要求的蟹，要逐个用手掂一掂它的分量，手感重的为肥壮的蟹。此招不适用于河蟹和活的海蟹，因为这些蟹常常会被五花大绑。

三剥。剥开蟹的脐盖，若壳内蟹黄多、整齐，凝聚成形，则此蟹为好蟹。

四拉。如果购买的是已死的海蟹，要观察蟹的腿。完整无缺，轻拉蟹腿有微弱弹力，表明是新鲜海蟹；若是不新鲜的海蟹，轻拉蟹腿，不仅没有微弱力，而且蟹腿容易断落。

五闻。如闻到海蟹有腥臭味，说明海蟹已腐败变质，不能再食用。食用腐败变质的海蟹极易造成食物中毒。

安全提示

螃蟹有很高的营养价值，购买时注意一看、二掐、三剥、四拉、五闻。

螃蟹不能吃死的，但是一次性买多了吃不了怎么办呢？

1. 放在冰箱冷藏室内用湿毛巾盖上可以放几天，用手触摸螃蟹的眼睛，没反应的就是死螃蟹。

2. 放在水桶中但是水的高度不要没过螃蟹身体，否则螃蟹会缺氧而死。如果家里有浴缸更好，因为浴缸光滑螃蟹不能爬出来。

有人说吃公螃蟹好，有人说吃母螃蟹好？到底什么好呢？

一般来讲农历八九月里挑雌蟹，九月过后选雄蟹，因为雌雄螃蟹分别在这两个时期性腺成熟。就是我们所说的黄满膏肥。

程老师，网上说螃蟹不能和柿子、梨、花生一起吃，不能喝茶水，这些说法科学吗？

关于柿子，元朝太医忽思慧在其所著的《饮膳正要》中记载："柿梨不可与蟹同食"。从食物药性看，柿蟹皆为寒性，两者同食，寒凉伤脾胃，柿中含鞣酸，蟹内富含蛋白，两者相遇，凝固为鞣酸蛋白，不易消化且妨碍消化功能。

关于梨，南北朝时期著名的道教思想家、医学家陶弘景在《名医别录》中记载："梨性冷利，多食损人"。梨味甘性寒，蟹也性寒，两者同食，易伤人肠胃。

花生性味甘平，脂肪含量达45%，中医讲油腻之物遇冷利之物易致腹泻，所以螃蟹不宜与花生同食。至于茶水，因为茶水和柿子一样，也含有鞣酸，鞣酸蛋白不易消化。

但是这些只是事物的一个方面，没有必要过分担心，只要把握量，这不是问题，我们需要注意的是螃蟹的加工和食用。

那您说说吃螃蟹应该注意什么？

 第一，螃蟹的鳃、沙包、内脏含有不少的细菌和毒素，吃时最好去掉。

第二，螃蟹体内的细菌有些是可怕的致病菌，如沙门菌，所以烹制时一定要彻底加热，而且建议最好是撒点盐蒸而不是煮。

第三：吃螃蟹时，最好蘸着姜末、醋汁等食用，祛寒杀菌。

第四：建议不要生吃螃蟹。有人喜欢吃醉蟹、腌蟹……螃蟹里的寄生虫对我们有很大的危险，肺吸虫囊蚴的抵抗力很强，一般要在55℃的水中泡30分钟或在盐水中腌48小时才能杀死。生吃螃蟹，还可能会被副溶血性弧菌感染，发生感染性中毒，会危及我们的生命。

那对于孕妇，有特别注意吗？

螃蟹对孕妇来说并不适宜。螃蟹不仅是佳肴，还可入药。常见的有大闸蟹、毛脚蟹、海蟹、湖蟹、江蟹、河蟹等。螃蟹主要供食用，药用以河蟹为多。《珍珠囊补遗药性赋》说，"蟹主热结胸，黄能化漆为水，爪能破血堕胎。"《雷公炮炙药性解》中记载，"蟹主散血破结，益气养精，除胸热烦闷。捣涂漆疮，可治跌打损伤，筋断骨折，瘀血肿痛及妇人产后瘀血腹痛、难产、胎衣不下等症。蟹爪 60 克，辅以黄酒，加水同煎，再入阿胶，即为催产下胎药。"

鉴于以上药性，孕妇不宜多吃螃蟹，如果坐月子期间是母乳喂养宝宝的话，也有可能影响到宝宝。有习惯性流产的孕妇更应禁忌。

安全提示

食用螃蟹有禁忌，孕妇一定避免食用。

嗯，谢谢程老师为我们科普了这么多关于螃蟹的知识，我们也可以尽情地享用美味了。同时，我们要提高甄别谣言的能力，提高食品安全风险意识。

生鱼片你知道多少

　　生鱼片是中国最古老的传统食物之一，就像其他食物一样，伴随生鱼片诞生的生鱼片文化也源远流长，日本料理中的刺身文化，鱼脍文化，都是生鱼片文化的一部分。生鱼片，也称为鱼脍、刺身、鱼生，是以新鲜的鱼贝类生切成片，蘸调味料食用的食物总称。生鱼片起源于中国，后传至日本、朝鲜半岛等地。中国早于周朝就已有吃生鱼片（鱼脍）的记载，最早可追溯至周宣王五年（公元前 823 年）。刺身是日本料理中最具特色的美食，据记载，公元 14 世纪时，日本人吃刺身便已经成为时尚。

　　生鱼片没有经过传统的炒、炸、蒸等烹饪方法，营养价值高，它含有丰富的蛋白质，也含有丰富的维生素与微量矿物质，脂肪含量低，却含有不少 DHA 等 ω-3 系列脂肪酸，称得上是营养丰富且容易吸收的好食物。但是如果生鱼片没处理干净就入口，就很有可能会让"不速之客"进入体内，影响身体健康。生鱼片中所含的寄生虫和虫卵正是危害人身体健康的最主要因素。生鱼片中可能会寄生多种鱼源性寄生虫，比如华支睾吸虫等。华支睾吸虫进入人体后会寄生在胆囊内，引起胆囊发炎和胆道堵塞，诱发一些肝脏的疾病。

　　生鱼片的营养价值到底有多高？生鱼片中的寄生虫到底有多可怕？爱好美食的我们到底该如何健康食用生鱼片？本期节目为您解答。

前段时间，一则"疑似吃生鱼片感染，一男童体内发现 5 米长寄生虫"的新闻引爆国内各大媒体，一时间，日本传统菜肴生鱼片被推到了舆论的风口浪尖，有关生鱼片的食用安全问题也引起了大众的一片哗然。您看我这个桌子上就摆了一份生鱼片，观众朋友也可以看一下，看起来是垂涎欲滴。

 想吃了？

程老师，您喜欢吃生鱼片吗？

 生鱼片是日本料理很主要的佳肴，生鱼片肉质鲜美，口感嫩滑，是很不错的食品啊。

听您这么一说，我这肚子又叫起来了。相信观众朋友也不乏生鱼片的真爱粉吧。可是前面提到的这则新闻着实已经让不少人对生鱼片望而却步。程老师，您既然这么喜欢吃生鱼片，那您应该也会做生鱼片吧？

 生鱼片其实起源于中国，它有着悠久的历史，后传至日本、朝鲜等地。它的制作工艺其实很简单，就是将新鲜的鱼贝类生切成片，配上料酒和芥末，料酒调味，芥末既可以调味，又能杀菌开胃。但是，制作生鱼片一定要保证食材的新鲜和卫生，这是我们食用海产品普遍要注意的。从营养学角度说，生鱼片没有经过传统的炒、炸、蒸、煮等烹饪方法，因此营养物质没有流失，是一道极富营养的美味佳肴，但是从卫生角度考虑，如果生鱼片没有经过很好地处理，会成为人们患病的根源。

看来啊，食用生鱼片确实会有一定的健康风险，不可大意。据此呢，我们记者也随机采访了几位观众。看来大家在享受美食的同时，还不是很了解隐藏在生鱼片背后的安全隐患。程老师，您能不能给我们讲一讲，生鱼片的食用安全隐患到底是指什么？对我们的人体有哪些危害？

生鱼片最主要的一个危害是寄生虫以及虫卵，这是影响我们身体健康最主要的一个因素。生鱼片的种类很多，我这里给大家看个图（图 7-1）。

肉源性	•（生牛肉、烧烤）	牛带绦虫
螺源性	•（河螺、海螺）	圆线虫病
鱼源性	•（生鱼片）	肝吸虫病
植物源性	•（菱角、荸荠）	姜片吸虫病
甲壳源性	•（醉蟹）	肺吸虫病

图 7-1 常见的寄生虫病

我们看看肉源性寄生虫病是什么？

生牛肉、烧烤等。

对，处理得不好，可能会得绦虫病。

那生鱼片应该就是鱼源性的吧?

没错，生鱼片如果处理得不好，可能会得肝吸虫病。此外，还有植物源性的（如菱角、荸荠等）、甲壳源性的（如醉虾、醉蟹等）。这就是我们讲的寄生虫和虫卵在这样一些食物当中可能产生的疾病。

这几项真是让人毛骨悚然。从第一项到第五项都是我喜欢吃的，做了这期节目，我决定不再吃了。但是我想啊，咱们电视机前的观众，肯定会有人为了美食而去冒这个险，俗话说得好，不干不净，吃了没病。那么，既要享受美食，又要把风险降到最低，针对这个，程老师，您有什么建议吗?

对于这个问题呢，杀死其中的寄生虫是安全食用生鱼片的关键，我有几个小建议:

第一个就是冷冻。为了能杀死鱼肉中的寄生虫及虫幼虫，欧盟出台明确规定，海产品必须在零下 20℃冷冻 24 小时才能上市;美国食品药品管理局则建议冷冻 7 天（如果是零下 35℃可缩短到 15 小时）。因为寄生虫对热和低温抵抗力很差，在零下 20℃冷冻 24 小时后可全部被杀灭。长时间的低温环境可以很大程度地杀死生鱼片中的寄生虫;

第二个是选择深水无污染的鱼。因为在深水区，无污染或者污染较少，其中的鱼群身上所含的危害性的寄生虫也会大幅减少，这样的话我们通过料酒和芥末来杀灭其身上少量的寄生虫，就可以放心安全地食用了；

第三个是将生鱼片煮熟食用。
这是最安全的食用方法，道理也是
最简单的，因为生鱼片中的寄生虫
在温度达到 90℃ 的时候会被完全杀
死，但是有些人认为这样做会影响生
鱼片的口感，不过因人而异嘛。

安全提示

冷冻、选择深水鱼或
是将鱼煮熟都可以消灭
寄生虫，从而达到安
全食用的目的。

享受美味的同时一定要注意食品卫生安全哦。既然很多人都喜欢吃这个生
鱼片，就让我们的程老师给我们科普一下生鱼片的营养价值吧。

生鱼片的营养价值真的很高，它含有丰富的蛋白质，而且
是质地柔软，易咀嚼消化的优质蛋白质。它也含有丰富的
维生素与微量矿物质。脂肪含量低，称得上是营养丰富且
容易吸收的好食物，算得上鱼类菜品的佼佼者啊。

好的，谢谢程老师。生鱼片固然美味，但它背后的食用安全隐患仍旧不容
忽视，请珍爱您的健康。

不简单的小龙虾

小龙虾是淡水经济虾类，因其杂食性、生长速度快、适应能力强而在当地生态环境中形成绝对的竞争优势。其摄食范围包括水草、藻类、水生昆虫、动物尸体等，食物匮缺时亦自相残杀。小龙虾近年来在中国已经成为重要经济养殖品种。

小龙虾因体形比其他淡水虾类大，肉也相对较多，肉质鲜美，所以被制成多种料理，包括赫赫有名的麻辣小龙虾等，都是常见的餐点，受到了普遍的欢迎。

但近期因食用小龙虾后出现横纹肌溶解综合征的案例屡见报端。有人说，小龙虾对恶劣水质环境的适应性强，如果这些小龙虾来源于不卫生的养殖环境，可能导致小龙虾自身的细菌和重金属污染。而重金属残留物与"肌肉溶解症"确实存在关联，但只有小龙虾体内残留较大剂量的重金属，且长期食用才有可能致病。还有专家推测引起横纹肌溶解的药剂应该是在虾肉中的，在诸多农业技术部门关于如何饲养高产小龙虾的介绍中，可以看出小龙虾的成长环境和过程非常令人担忧。饲养小龙虾最好的环境就是污水，但污水中重金属、细菌太多，因此小龙虾的甲壳、头部和腮部是蓄积污染物最多的地方。在利益驱动下，饲养者还会使用"水产促长剂"，这些促长剂既包括各种性激素、生长激素，也包括喹乙醇等有害的促进生长素——这些也许都可能导致横纹肌溶解。那到底横纹肌溶解综合征和小龙虾有没有直接关系？下面是程老师的专业解读。

程老师，其实我也记不清大概从什么时候开始，咱们太原的烧烤摊上多了一种在南方非常盛行的食物，您知道是什么吗？

你指的是小龙虾？

对。其实我一直认为啊，咱们南北方人的口味是有差别的，万万没想到小龙虾在咱们太原也是相当火爆。但是，最近小龙虾摊上事儿了，有人吃小龙虾吃出状况了，南京等地发现了吃小龙虾导致横纹肌溶解综合征的事件报道（图8-1）。这到底是怎么回事儿呢？横纹肌溶解综合征又是什么？

> 横纹肌溶解综合征是指一系列影响横纹肌细胞膜、膜通道及其能量供应的多种遗传性或获得性疾病导致的横纹肌损伤，细胞膜完整性改变，细胞内容物漏出，多伴有急性肾衰竭及代谢紊乱。

图 8-1　横纹肌溶解综合征

其实，早在 2010 年，南京就曾报告过有 23 个人因为食用小龙虾导致横纹肌溶解综合征的病例，最终确定为是哈夫病，病状明确，病因不明。

您说什么？哈夫病？这又是个什么病？

哈夫病其实就是刚才我们说的横纹肌溶解综合征。因为在 1924 年，国际上首次报道了国外因食用水产品而导致不明原因的横纹肌溶解综合征病例，因发生在波罗的海沿岸哈夫地区，因而称之为哈夫病。

原来是这样，那从 1924 年到现在，也有 80 多年了，说明国外也有这种病例的发生。

是的。哈夫病在波罗的海地区、地中海地区、美国、巴西均有发生，大多是因为食用了水牛鱼、淡水鳕鱼或小龙虾等食品。

是因为吃了这些海产品而导致的哈夫病？

现在这种哈夫病病因尚不明确。首次发生哈夫病以来，各个国家都对该病的原因进行了探讨，都没有发现确切的病因。美国呢，曾经对可引起横纹肌溶解综合征的鱼类进行过研究，结果发现一种对热稳定、正己烷能够提取的化学物质可以引起小鼠产生类似的症状，但是至今还没有确定这种化学物质到底是什么。针对小龙虾来说，它能够适应各种污染环境，得益于它良好的排毒减毒机制，所以它的体内污染物含量并不一定超标。小龙虾能把重金属转移到外壳，然后通过不断蜕皮把毒素转移出体内，这正是它可以耐受重金属污染的原因之一。目前研究显示，重金属大多集中在我们不爱吃的虾腮、内脏和虾壳中，对于吃虾肉的我们来说，它让人重金属中毒的可能性较小。

那这种横纹肌溶解综合征的症状都有哪些呢？

症状主要有肌肉疼痛、肿胀、无力，还有发热、全身乏力、白细胞和中性粒细胞比例升高等炎症反应（图8-2）。同时呢，这样的病大约有30%会出现急性肾衰竭，当急性肾衰竭的病情较重时，会出现少尿、无尿等表现。

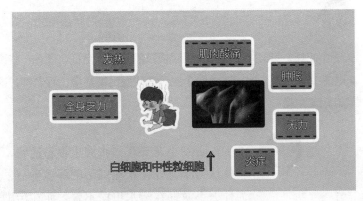

图 8-2　横纹肌溶解综合征的症状

那目前这种病的治疗情况怎么样？

安全提示

 这个没必要担心。哈夫病病人如果及时治疗，绝大多数病人能够较快地康复，症状一般在2到3天就能消退。如果症状较轻，不用经过治疗就可以自愈。

横纹肌溶解综合征绝大多数病人能够较快地康复，没必要过多担心。

嗯，那我们就不需要太担心。如此多的人爱吃小龙虾，我相信不只是因为它美味，那程老师，吃小龙虾对人体有什么营养吗？

小龙虾体内蛋白质含量较高，占总体的 16%～20%，脂肪含量不到 0.2%，虾肉内锌、碘、硒等微量元素的含量要高于其他食品。另外，小龙虾还可以入药，能化痰止咳，促进手术后的伤口生肌愈合。

关于小龙虾，其实除了可能会引起横纹肌溶解综合征，还有一些说法，我们也是真假难辨，比如有人说小龙虾喜欢脏污的环境，程老师，这个说法到底对不对呢？

不少人看到小龙虾在污水沟里容易捞到，而在清水里捞不着就认为小龙虾喜欢在脏污的环境生存，这是不科学的。为什么小龙虾在清水里捞不着，而在污染环境下很容易捞到呢，那是因为清水里生长的小龙虾活力强，而污染环境下的小龙虾生命活力差。小龙虾耐受性较强，能在污水中生存，但是它在生长过程中要脱七八次壳，环境不好小龙虾就不脱壳，长不好。很多养殖户以前不注意水环境，用浅水、脏水养，小龙虾产量低，后来注意用深水、好水养，产量就增加了。

> ✕ 🍴
>
> **安全提示**
>
> 小龙虾只喜欢在脏污环境生存的说法是不科学的，养殖小龙虾应该用深水、好水养。

还有一个疑问，小龙虾生活在水里，体内是否存在重金属超标的可能呢？

其实，小龙虾对重金属十分敏感，在重金属超标的水体，小龙虾是无法成功脱壳和成活的。重金属具有可蓄积性，自然界中食物链越高端的生物对重金属的蓄积越多，而小龙虾以水草等原初生物为食，处于食物链的底端，重金属蓄积低，正常养殖下，重金属残留不会超标（图8-3）。

图 8-3　食物链生物对重金属的蓄积

程老师，现在正值小龙虾的销售旺季，您有什么建议要给我们电视机前的观众朋友吗？

 提供以下五点建议：

1. 我们要注意从正规的渠道去购买小龙虾，切记不要自行捕捞，不要食用野生的小龙虾。

2. 烹饪前一定要清洗干净，烹饪过程中要烧熟煮透。注意不要加工死亡的、感官异常或味道不新鲜的小龙虾，切记不要食用小龙虾的头和内脏。

3. 我们经常说的量的问题，一次食用小龙虾要适量，增加食物的多样性。

4. 如果进食小龙虾后出现全身或局部肌肉酸痛等症状，应及时就医，并主动告诉医生相关情况。

5. 希望食品生产经营者特别是餐饮服务提供者要严格把好原辅料的来源关，保证小龙虾新鲜合格，来源正规合法。

好的，非常感谢我们的程老师。

为什么虾头会变黑

虾营养丰富，且其肉质松软，易消化，对身体虚弱以及病后需要调养的人是极好的食物。它能增强人体的免疫力和性功能，补肾壮阳，抗早衰。常吃鲜虾（炒、烧、炖皆可），温酒送服，可医治肾虚阳痿、畏寒、体倦、腰膝酸痛等病症。虾中含有丰富的镁，镁对心脏活动具有重要的调节作用，能很好地保护心血管系统，它可减少血液中胆固醇含量，防止动脉硬化，同时还能扩张冠状动脉，有利于预防高血压及心肌梗死。其通乳作用较强，并且富含磷、钙，对小儿、孕妇尤有补益功效。日本大阪大学的科学家还发现，虾体内的虾青素有助于消除因时差反应而产生的"时差症"。不管何种虾，都含有丰富的蛋白质，营养价值很高，其肉质和鱼一样松软，易消化，而且无腥味和骨刺，同时含有丰富的矿物质（如钙、磷、铁等），海虾还富含碘质，对人类的健康极有裨益。

鲜虾的美味十分诱人，但在虾头处却时常能看到一些黑乎乎的东西，着实影响食欲。虾头为什么会变黑？这是什么"脏东西"吗，它是不是被污染了？虾头变黑的虾，还能吃么？让我们一起看看程老师的专业讲解。

程老师啊，海鲜已经成为一些家庭里必不可少的食材。我是尤其喜欢吃虾，蘸点酱油或者醋，简直太美味。

是啊，人们现在生活水平和生活质量都越来越高，以前都觉得海鲜贵吃不起，现在不同了。我也很喜欢吃海产品，过年家里也会备一些。虾肉有补肾壮阳，通乳抗毒、养血固精、化瘀解毒、益气滋阳、通络止痛、开胃化痰等功效。适宜于肾虚阳痿、遗精早泄、乳汁不通、筋骨疼痛、手足抽搐、全身瘙痒、皮肤溃疡、身体虚弱和神经衰弱等病人食用。

可是程老师，最近我看了网上的一篇关于虾的说法，让我有些担心。这大过年的，这个问题您今天一定要帮我弄清楚。

看到什么了？

我们平时买虾，会看见有些虾的虾头是黑的，网上有人说虾头变黑是因为重金属污染，是不新鲜了，不能随便吃。程老师，您快跟我们讲讲到底什么原因吧？

说到这个啊，我们就得先从生物开始说起。在动植物体内普遍存在着一种叫酪氨酸酶的物质，虽然不同生物体中的酪氨酸酶结构差异很大，但基本功能是相似的。酪氨酸在酪氨酸酶的作用下，可以逐步形成醌类物质，然后再形成优黑素、褐黑素等黑色物质（图9-1）。

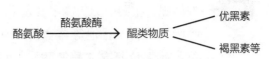

酪氨酸 $\xrightarrow{\text{酪氨酸酶}}$ 醌类物质 — 优黑素 / 褐黑素等

图 9-1　酪氨酸在动植物体内发生反应

您的意思是，虾头变黑就是因为虾里面的酪氨酸经过酪氨酸酶的作用形成了醌类物质？

是的，虾的全身都有酪氨酸酶分布，但头里的酪氨酸酶活性最强，腹部和尾部的酶活性较低。因此虾头总是最先变黑，然后才是腹部和尾部（图 9-2）。

酪氨酸酶

图 9-2　虾头的酪氨酸酶活性最强

原来是这样。那在什么条件下酪氨酸会形成这样的醌类物质呢？

安全提示

虾头变黑是因为虾里的酪氨酸经过酪氨酸酶的作用形成了醌类物质。

虾体呢，主要分为头胸甲及腹甲等；头胸甲内包括摄食、呼吸、消化及排泄等器官，可说是虾维系生命最重要部位，此部位富含"酪氨酸"，虾在历经捕捞作业过程当中，离开活存环境，身体里的"多酚氧化酵素"会催化酪氨酸代谢产生黑色色素，这种现象称为"黑变"，头胸甲及尾叶部位最为明显。所以呢，在冷冻保存条件下也难以避免黑变。

哦，那就是说，"虾头黑变"其实是一种正常现象，并不能表示买的虾不新鲜了。

是的，虾头变黑并不一定是虾不新鲜了。但是呢，如果在常温下储藏，随着时间推移，虾头会变黑，一定程度上也反映了虾的新鲜度。

程老师，之前您说了虾头变黑跟虾的新鲜程度是没有必然联系的，是因为虾离开了它的生存环境的缘故，但是，我们在买虾的时候，有很多是没有变黑的，这又是为什么？

安全提示

虾头变黑并不一定是虾不新鲜。

是的。我们有很多消费者不太了解，长期认为水产品"色变"，就是"不新鲜"。所以说，虾一旦黑变就不好卖，这样呢，生产商就要想办法阻止黑变。

他们如何阻止呢?

解决这个问题的关键在于抑制酪氨酸酶的活性。过去，捕虾船上最常用的方式是使用亚硫酸钠或焦亚硫酸钠，它们抑制黑变的效果特别好，但容易有残留，影响虾的味道。而且如果控制不好，容易出现二氧化硫超标，这也是监管的重点之一。

另外一种思路是"管住"生物酶的核心部件——铜离子。乙二胺四乙酸（EDTA）这样的金属离子螯合剂可以牢牢抓住酪氨酸酶里的铜离子，阻碍它发挥催化作用。曲霉和青霉产生的曲酸也可以捕捉酪氨酸酶的铜离子，因此防黑变的效果也很好。

酪氨酸酶需要合适的酸碱度才能正常工作，因此一些有机酸也能抑制它的活性，比如乳酸、柠檬酸、醋酸、草酸、维生素 C 等。现在，大多数虾蟹用保鲜剂里都会有这些成分。

此外，物理的方法也可以防止虾头变黑。比如说，酶促褐变需要一定氧气的参与，因此抽真空或者包上冰衣就能阻隔氧气，有效防止虾的黑变。彻底加热能破坏酶的活性，这在熟冻虾中较常见。如果煮过的虾放一段时间之后还是变黑，那多半是因为没有彻底煮熟。

超高压处理是目前食品工业界大力研发的新技术。比如在 500 MPa 的超高压下，用二氧化碳处理，只需要 10 分钟就可以将酶活性全部杀掉，而且活性无法恢复。这种方法不仅杜绝了虾头发黑，而且还可以杀死导致腐败的细菌和酵母。虽然这个压力相当于大气压的 5000 倍，但对虾肉的品质并不会有不利影响。有了这些技术，吃货们就能吃到色泽清新的鲜虾了。

程老师，那问题来了，虾发黑未必是因为不新鲜，那我们平时在购买虾的时候应该如何进行挑选呢，如何判断虾的新鲜程度呢？

虾是特别容易变质的，一旦腐败就会产生挥发性的胺类物质，能闻到刺激性的异味，所以我们可以用闻来判断。

嗯，我们可以用闻来判断，那还有呢？

另外可以通过观察，观察是否有虾头脱离、壳肉分离、虾壳发红、虾肉绵软无弹性等现象，这些都是虾不新鲜的特征。

嗯，这些方法真的很实用。

另外还有一点，我们在超市里可以看到有直接剥好的冻的虾仁，挑冻虾仁应挑选表面略带青灰色，手感饱满并且富有弹性的。那些看上去个大、色红的最好别挑选，很有可能有问题。

安全提示

购买鲜虾可以通过闻和看来判断。

嗯，我妈买虾的时候还是喜欢买活虾，觉得新鲜。但是有时候买回去不一定立马吃。比如我们过年提前买好的虾，不立刻吃，准备过年当天做着吃，以前就把虾买回来然后就放到盆子里，结果没到两天虾就全死了，白白浪费了。程老师，有什么保存活虾的方法吗？

当然有了，其实最常见的方法就是放冰箱，可不是你直接把虾放冰箱啊，我们先拿出一个胶盒，在里面放一些湿纸巾，拿湿毛巾作为垫底，把虾放入里面后，再在上面铺上一层湿纸巾或湿毛巾。

哦，这个我知道，这么做是为了利用冰箱内的冷气，让湿纸巾保持一定的湿度，来保持虾的持久保鲜。

对的，大家一定要记住不能直接把胶盒放到冰箱里，这样会冻死那些虾的，会起到反作用。

安全提示

保存活虾应将湿毛巾作为垫底再放入冰箱。

恩，好的，今天这期节目我想对于电视机前的您一定非常有用。吃喝的同时还是要注意适量，不要因为过节聚餐就大吃大喝，对身体造成负担影响到了生活。

吃鱼头、鱼皮
等于吃毒药?

　　鱼肉味道鲜美,不论是食肉还是做汤,都清鲜可口,引人食欲,是人们日常饮食中比较喜爱的食物。鱼类种类繁多,大体上分为海水鱼和淡水鱼两大类。但不论是海水鱼还是淡水鱼,其所含的营养成分大致是相同的,所不同的只不过是各种营养成分的多少而已。鱼肉营养价值极高,经研究发现,儿童经常食用鱼类,其生长发育比较快,智力的发展也比较好,而且经常食用鱼类,人的身体比较健壮,寿命也比较长。

　　但是最近,这种美味的食材受到了一些人的质疑。有传言称,鱼头和鱼皮是鱼身上蓄积汞最多的部位,如果吃了鱼的这些部位,就等于吃了毒药。某论坛上的回答称,只要汞含量在一定限度之内,其危害(比如对于神经系统的)就可以被鱼类体内一些其他物质所抵消(如 DHA)。需要声明的一点是,甲基汞含量和总汞含量是不一样的。甲基汞(有机态,很易被吸收)对人体的危害远大于无机态的汞(人体对无机态的汞吸收很有限)。一般鱼体内的甲基汞大部分都蓄积在肌肉组织中,而传言所说的"鱼头汞含量最高"并没有说明是总汞还是甲基汞,因此无法得出鱼头对人体危害最大的结论。

　　那么,到底吃鱼头、鱼皮等于吃毒药吗?鱼头、鱼皮还能吃吗?一起来听听程老师的专业解答。

程老师，我们都知道，很多人都很喜欢吃鱼，孩子吃了聪明，成人吃了有益心脏健康。可是最近几年，鱼类污染问题使得大家都开始重视吃鱼的安全性。

是的，比如在加拿大、美国、日本就曾发生鱼、贝类的重金属含量超标的事件。所以水产动物污染问题，在世界范围来说是一个较为关注的食品安全问题。

我们大家都得重视这个问题。因为我本人很喜欢吃鱼，尤其是鱼头，拿来炖汤，味道很是鲜美。可是最近我在朋友圈看了一条消息着实把我给吓了一跳，说是鱼头和鱼皮是鱼身上蓄积汞最多的部位，吃鱼头、鱼皮等于吃毒药，您说这是真的吗？

这条消息我也看了。鱼头本身营养高、口味好、富含人体必需的卵磷脂和不饱和脂肪酸，对降低血脂、健脑及延缓衰老有着显著的效果，其还具有增强男性性功能，降低血脂、健脑及延缓衰老等优点。你刚提到的这个争议，来源于一份检测数据。说是有一个调查机构，对市场上出售的鲫鱼做了重金属含量测定，发现 400g 的鲫鱼，其鱼皮的汞含量比 200g 以下的高出 5 倍，鱼脑的汞含量竟达 20 倍以上（图 10-1）。也就是说，鱼龄越大，鱼脑和鱼皮中蓄积的汞就越多。随即这个试验数据也开始被大批媒体引用。

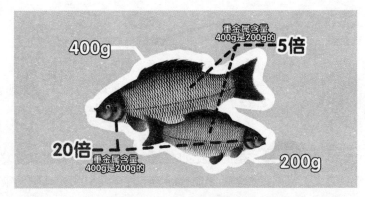

图 10-1　某个调查机构的检测数据说明

是这样啊。也就是说，这条消息里说的毒药就是重金属是吗？

是的。

涉及重金属问题就是很严重啊。您看刚才咱们聊的那条消息也不是空穴来风，它是有实验作证的。您说这样的结果可信吗？

这个实验是某县市的实验人员为了完结一个研究所做，目的是为了对比两种汞含量测量方法。实验人员只是在南京一家超市买了几条鲫鱼，然后分别进行了实验。先不说该样本只有几条鲫鱼，没有大批量的样本调查。其实实验结果没错，但报道却让网友产生了误解：很多人都认为鱼头不能食用。即便是鱼头，检查出的汞含量也在国家规定标准内。

那我就放心多了。那是不是鱼头、鱼皮的重金属含量会比其他部位要高呢？

安全提示

鱼头的汞含量在国家规定标准内，请放心食用。

重金属在鱼体内，残留在鱼头中会比在别的器官中更多。和重金属铬残留在猪肾上更多是一个道理，实际上，即便是鱼头的汞含量高于鱼籽 20 倍，也在国家的标准之内。只要不超标，食用就没有问题。所以鱼头不能吃的说法科学性不足。

看来鱼头鱼皮不能吃的说法是不靠谱的。程老师，我猜是不是主要还是量的问题呢？

对，不论咱们平常吃的鱼里边污染物含量有多少，如果不跟我们平时的摄入量联系在一起，所谓健康风险的说法是不全面的。

那么程老师，国际上对鱼类中汞含量有什么规定吗？

不论是在哪个国家、地区或国际组织的标准规范中，居民日常平均摄入量都是拟定标准和规范的重要参照。加拿大和日本将鱼中汞的最高限量定为 0.1 ~ 0.15mg/kg，贝类为 0.5mg/kg。

那么，我们国家是怎么规定的呢？

目前，我国标准规定，鱼和贝类汞含量不得超过 0.3mg/kg，其中甲基汞不超过 0.2mg/kg。世界卫生组织（WHO）根据能使人类中毒的汞含量分析，建议成人每周摄入的汞允许量最多不超过 0.3mg，甲基汞不能超过 0.2mg。所以仅仅考虑急性毒性显然是不行的，必须把鱼体内污染物的含量和居民日常摄入量结合。

程老师，我比较好奇，汞是怎么跑到鱼身上的？

水产动物污染有毒金属的主要来源可分为外源性和内源性（生物富集）。第一，外源性污染来源包括有毒化学物质的污染，比如饲料中、水体中、土壤中、空气中等含有的有毒化学物质的污染等（图 10-2）。第二，是内源性的，水生生物对汞有很强的蓄积能力，鱼类可蓄积比周围水体环境高 1000 倍的汞（图 10-3）。试验证明，当水中汞含量达 0.001～0.01mg/L 时，35 天后鱼体中汞的含量可为水的 800 倍。所以汞可以通过鱼类的生物富集作用，再经过食物链进入我们人体。

图 10-2　水产动物污染有毒金属的外源性来源

图 10-3　水产动物污染有毒金属的内源性来源

看来鱼在外源性的污染和自身内源性的生物富集中，重金属比如汞就会通过食物链进入我们人体。

人长期食用含甲基汞量高的鱼和贝类后也可引起中毒，日本"水俣病"就是由于水俣湾周围居民常吃这种被汞严重污染的水产生物而发生的中毒。鱼在含汞水中时间越长，鱼体含汞量也越多。同时，鱼体表面黏液中的微生物有很强的甲基化作用，能把无机汞转化为甲基汞。因此，鱼体中的汞几乎都以甲基汞的形式存在，从而加大了对人的危害性。

看来我们大家吃鱼还是得小心谨慎为好。程老师，您教教我们电视机前的观众朋友们平时该如何吃鱼才安全呢？

第一，增加食物的多样性，不偏食。不同食物中汞的含量不同。不偏食不只是保证"营养均衡"，而且可以保证汞及其他污染物有足够的时间排出体外。刚才我们说了生物富集作用，所以营养级越高、年龄越大的鱼类，其体内甲基汞含量越高。所以在购买鱼类的时候，尽量选择非食肉的鱼类和体形较小的鱼类，可以在一定程度上规避风险。

吃多种鱼，吃体形小的鱼，吃不吃肉的鱼。那第二点呢？

第二，有几个建议：一是尽量买从江、溪等活水里抓来的鱼，买回后在清水里养一两天；二是一定要除尽鱼鳃，并将鱼鳃部位洗净；如果喜欢吃鱼头，最好将鱼头用清水浸泡半小时或简单煎烤一下，这样可以减少一部分脂肪，因为脂肪最容易藏匿重金属和农药残留；吃鱼头要炖熟透，可分解破坏一些有害化学物质，同时杀灭可能藏在鱼头中的寄生虫。三是一些污染的河流、池塘钓上来的鱼，最好不要吃，因为这些鱼可能已经受到污染了。

安全提示

尽量选购非食肉的鱼类和体形较小的鱼类，还有注意所购买鱼类的生长环境。

那烹饪鱼的时候有没有什么需要注意的呢?

1. 作为通乳食疗时应少放盐。

2. 烹制鱼肉不用放味精,因为它们本身就具有很好的鲜味。

3. 煎鱼不粘锅的窍门:先把炒锅洗净,放旺火上烧热,再用切开的生姜把锅擦一遍,然后在炒锅中放鱼的位置上淋上一勺油,油热后倒出,再往锅中加凉油,油热后下鱼煎,即可使鱼不粘锅底。

4. 鲜鱼虽然滋味鲜美,但含脂肪少,成菜缺少脂肪的香味,还或多或少地带有腥臭等异味,为了弥补这些缺陷,在烹调时加入适量的肥膘肉,可以增加菜肴的香味与营养价值,去除鱼的腥臭味,并使成菜汁明油亮,质量提高。

5. 活宰的鱼不要马上烹调,否则肉质会发硬,不利于人体吸收。

好的,非常感谢程老师教会我们如何更好地吃鱼。

反季节蔬菜该不该吃？

以往，市民们在不同的季节倾向于买不同的蔬菜，但随着农业科技的不断发展，市民餐桌上的蔬菜早已不分季节，在如今的菜市场货架上，每天都堆满了鲜嫩的小黄瓜，红彤彤的番茄，圆乎乎的辣椒，叶子舒展的油菜和油麦菜。那到底什么是反季节蔬菜呢，其实是指在一般地区因热量条件的限制而无法正常栽培的季节内，利用特殊环境资源或采取保护性设施进行生产的蔬菜。主要是指春夏蔬菜秋季延后及春季提前生产的蔬菜，用通俗的话讲就是指那些当前不在大田里出现的品类。反季节蔬菜主要包括三大类：一是从遥远地区运送过来的蔬菜；二是从冷库里运出来的应急储备菜；三是消费者印象最深刻的大棚蔬菜。第一类，如果蔬菜是从南方运来的，那么虽然对食用地来说是反季的，但在食物的生产地实际上是应季的，不存在反季的问题；第二类应急储备的反季蔬菜并不多见，因为适于长期储存的蔬菜并不多，其中"出镜"频率最高的就是蒜薹了；第三类其实是市民最容易碰到的一类，特别是那些顶着"本地出产"名号的大棚菜，这些蔬菜就是名副其实的反季节蔬菜了。在水、种子、土壤状况、肥料、农药等施用情况均一致的条件下，蔬菜的生长和营养合成还受到太阳光照、温度、湿度、空气中氧气及其他空气成分等多因素的影响，所以反季蔬菜口感略差一些。这些反季节蔬菜丰富了市民"菜篮子"的同时，也带来了很多问题和争议：违反季节规律的蔬菜究竟是从哪来的？它们的营养价值会不会大打折扣呢？食用起来是否放心？"反季蔬菜有营养吗？为什么看着好看，却一点味道都没有？""这大棚栽的西红柿一点都不好吃，黄瓜也没有一点黄瓜味。"为了打消这些顾虑，让我们听听程老师的专业解读。

程老师，我发现现在即使是冬天，我们能吃到的蔬菜种类并没有比平常少多少，仍然可以吃到各种蔬菜，但是要放到以前，冬天能够吃的蔬菜种类就会特别少。

是的，我们的农业在不断地发展，随着温室大棚的建造，以及人们对种子和土壤的改善，很多蔬菜即使在冬天也是能够种植，满足人们对蔬菜的需求的。

现在，我们去逛超市、去农贸市场，蔬菜区的蔬菜种类也是非常丰富的。可是，人们又开始有新的担心，不是有一种说法叫"不时不食"吗？吃东西要应时令，按季节，到什么时候吃什么东西。所以就说到了反季节蔬菜。长时间冷藏后，蔬菜会不会营养下降、味道不佳？温室大棚的蔬菜生产，打乱了作物的自然生产规律，依赖人工创造的条件和化学物资投入，会不会对身体产生不良影响？

我们先来看看在冬天哪些蔬菜还能自然生长吧。

黑龙江："现在地里什么都没有了，存的都是大白菜，各种颜色的萝卜，还有土豆。"内蒙古："早都不种菜了，太冷了！除了大棚菜和从外地运回来的蔬菜，冬天窖藏的大白菜和土豆居多，冬天经常吃这两种。"山东："现在地底下的各种萝卜、土豆差不多已经被刨回家了，还好好地在地里长着的只有大白菜。"湖北：即便是处于长江畔的湖北，一到冬天在地里让生长的只有各种白菜、萝卜以及香菜。湖南：各种系列的白菜（大的、小的、高的、矮的、好看的、难看的），另外还有土豆、红白萝卜。广东："我们这边只要不太冷，有小白菜、芥菜、油菜、油麦菜、生菜、菠菜、芥兰、包菜、荷兰豆、枸杞菜、豆角、芸豆、茄子、冬瓜、油瓜、黄瓜、胡萝卜、荸荠、苋菜、西红柿、南瓜、萝卜、甜豆……"

程老师，如此看来，如果没有便利的南菜北运、没有冷库保鲜技术储藏、没有温室大棚种植，那么，绝大多数地区只能土豆白菜大萝卜过冬了。那反季与应季蔬菜，营养、味道会有很大的差别吗？

我们先来说说反季节蔬菜是什么。冬季生产反季节蔬菜，是保证蔬菜周年供应的有效途径之一。主要是指春夏蔬菜，秋季延后及春季提前生产，种植时必须采取防寒措施，达到提早上市目的（图 11-1）。与夏季大田蔬菜相比，冬季温室蔬菜的叶绿素、维生素 C、总糖、钙、镁、钾等矿物元素含量的确会略逊一筹。

冬季反季节蔬菜生产的地区，要求选择在气候温暖、阳光充足、处于平原区域、低海拔或丘陵的地方，水源方便，土壤条件适宜，并尽可能有挡风屏障（如背面高山屏障或其他建筑物），避免冷风直接袭击。

图 11-1　冬季生产反季节蔬菜的地区限制

那造成这样的原因，有哪些呢？

造成这种差异的原因很多，在水、种子、土壤状况、肥料、农药等施用情况均一致的条件下，蔬菜的生长和营养合成还受到太阳光照、温度、湿度、空气中氧气及其他空气成分等多因素的影响（图 11-2）。比如，光线不足会使蔬菜的光合作用减弱，从而会影响营养成分的合成。

图 11-2　影响蔬菜的生长和营养合成的因素

那这么说，反季节蔬菜的营养不如应季蔬菜，我们是不是少吃为妙呢？

对反季节蔬菜的正确态度是适当选用。如果过分强调反季节蔬菜或者水果的低品质，像古人说的那样"不时不食"，那每当北方的寒冷冬季来临，天地间一片荒凉，寸草不生。从 11 月到第二年 4 月，5 个月的时间根本无法吃到新鲜的蔬菜和水果。只能用白菜、胡萝卜、土豆凑合吃了。

🍴
安全提示

反季蔬菜的某些营养成分虽然不如应季蔬菜，但我们也该适当选用。尤其对于冬季时候的北方地区，反季蔬菜的出现是相当方便的。

也是，那样的日子想想都难熬，一个冬天只能吃到那几样蔬菜。

所以从某种意义上来说，种植反季节蔬菜其实是一种进步，一概否定反季节蔬菜是错误的。更何况，现在很多反季节蔬菜水果并不一定是大棚的产品，也有南方的产品，甚至是国外的产品。像海南，一年四季都可以生产蔬菜水果，其实没什么应季或反季节的问题，丰富人们的口感和需求，有什么不好呢？

还有一个问题那就是冬季里的蔬菜，它里面的农药残留情况又是怎么样的呢？

虽然人们总将农药与化学污染联系在一起，担心它们会造成食品安全问题，可是农药的用途很清楚，它们出现的本意是造福人类。如果谈及化肥、农药、土壤以及空气因素对蔬菜安全性的影响，其实无论是应季还是反季蔬菜都存在这些问题。我们都知道农药也是农业生产的成本之一，从控制成本和管理的角度来讲，菜农能少用则一定会少用；另外，国家对农药的经营使用管理也越来越严格，2015年10月1日颁布实施的《食品安全法》就明确规定，禁止将剧毒、高毒农药用于蔬菜、瓜果、茶叶和中草药材等国家规定的农作物（据第49条）。只要科学、规范地使用农药，农药残留就不会、也没有充足的证据证明会对健康造成危害。

安全提示

国家使用农药越来越规范，我们不必过分担心反季蔬菜中的农药残留。

程老师，刚才您说了那么多，对反季节的蔬菜，您有什么建议吗？

如果一味追求反季节蔬菜的"新鲜"口味就不好了，正确的做法是：首先，优先选择应季的蔬菜，不必追求那些不合时宜的蔬菜，不妨等它们出产的季节再吃。第二，在缺乏应季蔬菜水果的季节里，吃反季节蔬菜水果总比不吃要好，因为我们还要不断地通过这些蔬菜获取所需的营养。第三，优先选择本地出产的蔬菜，本地产品不仅成熟度好，营养价值损失小，而且不需要用保鲜剂处理，污染小。

无论哪个季节，多吃蔬菜水果，才是有益于健康的明智之举。吃所谓反季蔬菜，也比吃不够蔬菜好太多。如何正确看待反季蔬菜，您明白了吗？最后再次感谢程老师！

喷了甲醛的白菜
还能吃吗？

　　"甲醛白菜"是指商家为了防止腐烂喷上了一种特殊保鲜剂甲醛的白菜。其实早在几年前，市场上就出现过喷洒过甲醛的问题白菜。夏季气温高，加之白菜水分较大，同时由于很多菜商缺少蔬菜在长途运输中所需的冷藏设备，很多白菜会在运输过程中腐烂坏掉。为了减少经济损失，很多菜商便把甲醛当做白菜的一种"保鲜剂"，在白菜上喷洒甲醛以保鲜，这样既保持了白菜的新鲜度，也避免了菜商经济上的损失。

　　但众所周知，甲醛是一种有毒有害的物质，世界卫生组织已将甲醛列为一级致癌物，并发报称甲醛超标可能会诱发白血病，是明令禁止用于食品和农产品之中的，使用甲醛对蔬菜进行保鲜是违法违规的行为。因此，甲醛白菜会导致白血病的消息在人群中不胫而走，广为流传。公众对甲醛溶液喷洒在白菜上是否会产生如此严重的后果持有迟疑和迷惑态度，下面我们就来看看菜农为什么要往白菜上喷洒甲醛溶液，以及当我们不慎买到甲醛白菜后应该如何正确处理呢？

程老师，就像我们之前节目里说到的，现在的冬季，我们很多家庭基本上是以吃反季节蔬菜为主，偶尔才会吃点大白菜、土豆、黄豆芽等应季蔬菜。

是的，我们之前已经跟大家说过，随着现代反季节栽培技术的发展，冬天也可以吃到原来是夏天出产的黄瓜、西红柿等反季节蔬菜，但是要强调的是，大棚种植的反季节蔬菜在营养成分，比如叶绿素、维生素 C、总糖、钙、镁、钾等矿物元素含量方面要比夏季大田蔬菜稍逊一筹。因此一味地追求反季节蔬菜并不好，在冬季我们要优先选择应季的蔬菜来食用，不必刻意追求那些不合时宜的蔬菜，不妨等它们出产的季节再吃。

是的，俗话说："白菜是个宝，赛过灵芝草"。对于我们中国老百姓来说，白菜无疑是最亲切的蔬菜之一了，而且白菜它的寓意特别好，第一个寓意取自白菜的谐音，意为"百财"，有聚财、招财、发财、百财聚来的含意；第二个寓意取自白菜的颜色和外形，寓意清白，表示洁身自立，纯洁无瑕。

正因为白菜寓意好，所以在玉器界也是很受欢迎的题材，常被人们拿来馈赠亲朋好友。我国不少地区的老百姓在过春节的时候，都要吃两道家常菜，即长叶白菜和青菜，寓意天长地久、做人清清白白。

但是，最近我在网上看到一则新闻，说这个贩卖白菜的商贩会在白菜上喷洒甲醛溶液，将其作为白菜防腐的特殊保鲜剂，而且还说这种方法已经沿用三四年了。我们知道，甲醛是一种有毒物质，现在的人们一听到甲醛都是有些恐惧，特别是以前人们装修房子的时候，因为装修材料的缘故，甲醛含量比较高，如果不晾一段时间等甲醛散去再进去住的话，很容易引起疾病。

说到这个甲醛，它是最简单的醛类，易溶于水，是一种较强的杀菌剂，具有防腐、杀菌和稳定的功效，还是一种重要的有机原料，主要用于塑料工业、皮革工业、医药、染料等。

据了解，甲醛对我们人体健康的危害还是挺大的（图 12-1，图 12-2，图 12-3）。

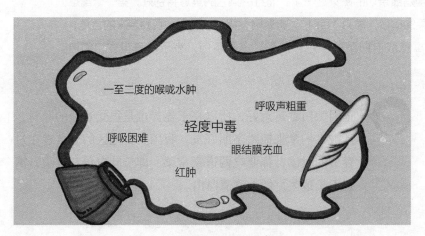

图 12-1　甲醛轻度中毒症状

图 12-2　甲醛中度中毒症状

轻、中度的低氧血症

中度中毒　呼吸困难

干啰音、湿啰音

咳嗽不止

喉咙水肿增重至三级

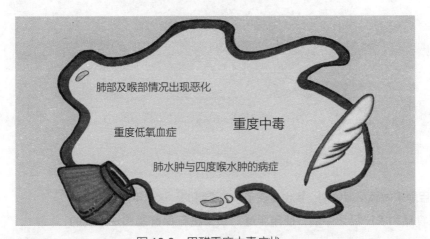

图 12-3　甲醛重度中毒症状

肺部及喉部情况出现恶化

重度中毒

重度低氧血症

肺水肿与四度喉水肿的病症

既然这个甲醛的危害这么大，那为什么还要用甲醛来给白菜保鲜？

白菜需要特别地保鲜，是基于比较独特的理由。因为被切割掉根部的大白菜实际上还是"活"的，被采摘的部分在农业上称为叶球，实际上就是除去根的完整植株，这与西红柿、黄瓜或者菠菜等叶子菜是不一样的。这种白菜，一方面因其处于切割状态，各种酶和蛋白质在切口处直接与空气接触，生理生化活性增强，加快了组织的衰老与褐变；另一方面，白菜的断面处，会渗出大量的汁液，有丰富的糖类等营养物质，成为细菌和真菌繁殖的温床，甲醛能够抑菌，所以很多人就想到用甲醛来做白菜保鲜剂，让白菜没那么容易烂掉（图12-4）。

图 12-4　甲醛对白菜的抑菌作用

对于用甲醛来做蔬菜保鲜剂，我也是查了一些资料的，这个甲醛是明令禁止用于食品和农产品之中的，使用甲醛对蔬菜进行保鲜是违法违规的行为。

其实在白菜上面喷甲醛真的没必要，甲醛确实是一种杀菌剂，具有防腐、杀菌和稳定的功效，但是对于本地生产的白菜，直接销售，根本不需要特别保鲜，而在长途运输中，一般采用冷库预冷、冰库降温、冷藏车运输等方式达到低温保鲜的效果，也没有必要喷洒甲醛，但出于经济方面的考虑，可能有极个别利欲熏心的不法商贩采用了喷甲醛的恶劣方法，来延长白菜的保鲜期。

程老师，您说，这个甲醛虽然有刺鼻的味道，但是它的挥发性强，一天过后也就闻不出味了，我也没法分辨它是否喷了甲醛，但是前面我们说过，甲醛易溶于水，是不是买回来后多洗几遍，也就不用担心甲醛问题了？

是的，因为甲醛易溶于水、易挥发，从市场买到的白菜经过仔细冲洗，基本不会有大的残留，可以放心食用。但是我还是建议，市民买到白菜后，最好扒掉外面的一层，再用清水洗几遍，时间允许的情况下最好泡一泡，基本上可以洗掉甲醛溶液。

紫薯是转基因作物吗？

　　紫薯又叫黑薯，薯肉呈紫色至深紫色。它除了具有普通红薯的营养成分外，还富含硒元素和花青素。紫薯为花青素的主要原料之一。紫色是紫薯中存在花青素所致，花青素相对分子质量为 287.2437，分子式为 $C_{15}H_{11}O_6$。这是自然界广泛存在于植物中的水溶性天然色素，属类黄酮化合物。花青素也是植物花瓣中的主要呈色物质，存在于植物细胞的液泡中，可由叶绿素转化而来。低温、缺氧和缺磷等不良环境也会促进花青素的形成和积累。

　　根据农业部农业转基因生物安全管理办公室 2013 年 4 月 27 日发布的信息，截至当时，我国共为 7 种转基因植物发放了农业转基因生物安全证书：耐贮存番茄、抗虫棉花、改变花色矮牵牛、抗病辣椒、抗病番木瓜、抗虫水稻和转植酸酶玉米。紫薯并不包括在这其中，这也就给了我们非常权威的答案，那就是紫薯不是转基因食物，它是天然食品。

程老师，说起吃来，我一直想问您一个问题。

哦，你又遇到什么问题了？说来听听。

我之前一直都特别喜欢吃红薯，但是后来有了紫薯，听说营养价值比红薯还高，我就又开始吃紫薯，但最近啊我听到一些观众说紫薯是转基因作物，吃了会影响身体健康，可把我吓坏了。程老师，这紫薯到底是不是转基因作物呢？

好，在说紫薯到底是不是转基因之前，我想先说说转基因食品（图 13-1）。

转基因食品，就是通过基因工程技术，把一种或者几种外源性的基因，转到某种特定的生物体当中，那么它能有效地表达出相应的产物，这个过程我们叫转基因。以转基因生物为原料，加工生产的食品就是转基因食品。

图 13-1　转基因食品

根据转基因食品来源的不同可分为植物性转基因食品、动物性转基因食品和微生物性转基因食品。其实关于转基因，从一开始就引发了很多争议。对转基因作物进行基因重组，有可能改变植物的某些遗传特性，培育高产、优质、抗病毒、抗虫、抗寒、抗旱、抗涝、抗盐碱、抗除草剂等的作物新品种。但是转基因作物也有不确定的一面，作为新品种，它对环境以及生态圈将会造成什么样的影响，还需要进一步的科学数据以及时间的检验。所以一些人简单地认为转基因就是有害的或者是无害的，目前得出这个结论，还为时过早。

哦，我明白您的意思了，转基因食品有害或者无害还需要进一步的科学数据以及时间的检验。但是程老师您还没有告诉我紫薯到底是不是转基因作物呢？你看它颜色这么与众不同，是不是也是人工培育出来的？

王君，我猜测您和好多人有同样的疑问，一看紫薯颜色有些不同寻常就认为它是转基因作物，这可真的是冤枉紫薯了。

啊？程老师您的意思是紫薯不是转基因作物吗？

当然不是，自古以来就有紫薯，它可是有清白身份的。紫薯其实是甘薯的一种，由于甘薯产量高，适应性广，在全国很多地方都有种植，在北京、天津叫白薯，山东、东北叫地瓜，河南、湖南叫红薯，安徽、江浙叫山芋，广东、福建叫番薯。1984年由中国农业部和中国农科院主持，全国几十位知名甘薯专家集体编写的《中国甘薯栽培学》中，明确指出：甘薯肉色可分为紫、橘红、杏黄、黄、白等，说明紫色是甘薯固有的肉色之一。如广东农家品种：豆沙薯、雪薯、紫心薯、紫肉薯海南紫薯等都是天然纯紫薯。又如安徽的二红、福建的槟榔薯、广东的锦莲薯、广西的满村香、湖北的南瓜薯、湖南的黄心薯等农家品种薯肉中也都带有紫色。

哇，原来是这样，那它怎么会产生这么多颜色呢，而且这橘红、杏黄、黄、白这四种颜色还比较相近，我还可以理解，那产生紫色的甘薯是为什么呢？

紫色是因为紫薯中存在花青素，花青素存在于植物细胞的液泡中，是一种天然水溶性色素，这也是植物花瓣中的主要呈色物质，在植物细胞液泡不同的 pH 条件下，使花瓣和叶片呈现五彩缤纷的颜色。在众多紫色食品中，紫薯不仅产量高、成本低，而且花青素含量也高，所以很受大家喜爱。

天然植物本来就是形状多样的。同样一种东西，个头有大有小，色彩五颜六色。人们只看到一种大小、一种颜色的产品，只是因为人类普遍种植这种品种而已。自然界有超过 300 种不同的花青素，它主要通过吸收日光中不同波长的部分，从而使植物呈现红色、蓝色、紫色甚至黑色。在日常生活中，我们经常吃到的蓝紫色食物有紫甘蓝、葡萄、黑莓、无花果、樱桃、茄子、蓝莓等。比如说，把各种番茄品种之间互相杂交，就能育出深红色、粉红色、黄色、绿色等不同颜色，以及不同大小的番茄来。这些是很正常的事情，和转基因完全不挨边。相反，一些转基因产品往往看起来很正常，所以说，不能用颜色或大小来判断是否转基因产品。

安全提示

紫薯不是转基因食品。

哦，原来这个样子，紫薯呈现紫色是因为它里面的花青素含量高，这个花青素到底有什么价值呢？

1. 根据科学研究，在人体内有一种有害物质，叫自由基，它氧化和破坏人体细胞，使人生病、衰老和死亡。大约 80%～90% 的老化性疾病都与自由基有关，其中包括癌症、老年痴呆症、帕金森病、阿尔茨海默病、心脏病、白内障、过早衰老、皮肤黑斑沉积和关节炎等多种疾病。而花青素是一种强抗氧化剂，能够保护人体免受自由基的损伤。花青素清除自由基的能力是维生素 C 的 20 倍，维生素 E 的 50 倍，花青素可被人体百分之百地吸收，服用 20 分钟后，血液中就能检测到，在酸性环境下稳定，半衰期长，可达 27 小时，功效持久。与其他抗氧化剂不同，花青素有跨越血脑屏障的能力，可以直接保护大脑中枢神经系统。花青素安全无毒，据实验一个 70kg 体重的人连续半年每日服用 35 000mg 的花青素也未发现不良反应。

2. 能够增强血管弹性，保护肝脏、降高血压、高血糖、高血脂。

3. 减少心脏病和脑卒中的发生。

4. 增强免疫系统能力来抵御各种疾病，有抗衰老作用。

5. 降低感冒的次数和缩短持续时间。

6. 具有抗突变的功能，从而减少致癌因子的形成。

7. 具有抗炎功效，因而可以预防包括关节炎和肿胀在内的炎症。

8. 缓解花粉病和其他过敏症；是血管保护剂、辐射防护剂及抗发炎剂。

9. 保持血细胞正常的柔韧性，是动脉粥样硬化的解毒药。

10. 改善睡眠、减轻疼痛、水肿、夜间痉挛、改善静脉曲张等症状。

11. 是有效的美容食品，阳光紫外线可以杀死人类 50% 的皮肤细胞，而花青素可保护 85% 的皮肤细胞幸免于死。欧洲人称花青素为"口服皮肤化妆品"；

12. 可做食品色素，目前食品工业上所用的色素多为合成色素，几乎都有一些毒副作用，长期使用合成色素会危害人的健康，因此花青素就大有发展前途。

原来花青素有这么多的价值，那紫薯的营养价值是不是也比其他的甘薯要高呢？

食物的营养素成分太复杂了，不能简单地讲，我们今天讨论什么食品，就孤立地说它的营养价值高。只能客观的分析目前我们对这个食品的认识，拿紫薯来说，紫薯吃起来口味不错，它富含纤维素，可以促进肠胃蠕动，保持大便畅通，改善消化道环境，防止肠道疾病发生的功效。

安全提示

紫薯富含花青素，具有抗疲劳、抗衰老、补血，预防胃癌、肝癌等癌病发生的作用。

这真是越说越心动了，原来紫薯有这么多功效啊。

是的，紫薯在日本国家蔬菜癌症研究中心公布的抗癌蔬菜中名列榜首。

那我以后可要多多吃紫薯。

但是吃紫薯也有一些需要注意的地方：

1. 紫薯含有氧化酶，容易产气，吃多了会引起腹部胀气。紫薯最好不要空腹吃，容易引起胃灼热。

2. 吃紫薯的时候应该搭配脂肪、蛋白质丰富的食物一起吃，比如鸡蛋，或配合其他蔬菜，这样营养更全面。

3. 尽量不要生吃紫薯，因为紫薯中的淀粉粒不经高温是难以消化的。

4. 对紫薯过敏的人不宜食用。如果是对紫薯过敏的话，食用紫薯就可能造成皮肤红肿、经常性腹泻、消化不良、头痛、咽喉疼痛、哮喘等过敏症状了，所以此类人群也要避免食用紫薯。

哈哈，今天跟我们的程老师学到了这么多关于紫薯的知识，真是受益良多。程老师，我承认我是吃货，您别笑话我，我给您带来一份我亲手制作的紫薯粥。

1. 材料：米，紫薯。

2. 米洗干净后用水浸泡半个小时以上。

3. 紫薯洗净去皮，切成小块。

4. 紫薯和米放入砂锅，加足量的水，一次加足水，后面再加
的话，会影响粥的味道和黏稠度，煮开后转小火。

5. 小火煮至紫薯化开，粥黏稠即可。中途要经常搅拌一下，
砂锅煮粥容易沉底，焦掉。

 很棒啊，紫薯粥既美味又营养，我已经迫不及待了！

哈哈，电视机前的观众朋友们，今天程老师为我们证明了紫薯不是转基因
作物，我们可以放心大胆地吃了。紫薯是无公害、健康绿色的有机食品，
不仅味美还有很高的营养价值和药用价值，生活中我们可以尝试用紫薯做
出各种美味的小吃。

霉变水果的最好归宿

水果烂了一块，是整个扔掉还是剜掉坏的部分继续吃？大多数一向秉承勤俭持家态度的人都会选择后者。这样就没有问题吗？

在我们的生活中，有不少水果确实有些"娇气"，怕摔怕碰，怕冷怕热。有些老人因为怕浪费，用已经出现褐色斑块的鸭梨煮汤，就连发霉的橘子，也要"抢"出两瓣好的来吃。记者在水果摊上看到，每到傍晚，经常还会有部分"烂水果"便宜出售。

产生"烂水果"的原因可以分成三类，一是由于磕碰引起的损伤，二是低温引起的冻伤，三是由于微生物侵染引起的霉变腐烂。

节俭没有错，但是坏水果能不能吃，要看它变质腐败的原因，如果水果霉变别心疼，还是扔掉吧。

这样的"烂水果"到底能不能吃呢？霉变水果最好的归宿是什么呢？

程老师，夏天太热啦，我每天都会买各种各样的水果放冰箱，回家拿出来咬一口，真是一种享受啊。

恩，享受生活的人也是爱生活的人，但享受归享受，你肯定是带着问题来的。

哈哈。程老师是这样的，买的水果一下吃不完就容易坏，好多水果都是烂了一小块，扔吧，怪可惜的，不扔吧，还不敢吃，那到底是能吃还是不能吃？

对对对，现在物价飞速上涨，水果出现损伤、黑斑、白毛的时候（图 14-1），很多人会不舍得扔掉。

图 14-1　霉变水果

把坏了的部分削一削也能吃，但是这样对我们的健康到底有没有危害？

一般来说啊，水果的损伤主要分为三类，磕磕碰碰引起的机械性损伤，低温引起的冻伤和微生物侵染引起的霉变腐烂。

恩，机械性损伤和发霉是生活中最常见到的。

在采收水果的时节，由于大量的人工作业，难免会出现磕磕碰碰；还有在运输途中颠簸，或者不小心掉到地上被摔得"鼻青脸肿"，这些都属于机械性损伤。虽然样子丑了点，但还是可以愉快地吃掉。因为磕碰只是细胞发生了破损，细胞质溢出，一些多酚类物质转化成了深色的醌类物质，导致颜色变深而已。不过磕碰后的水果也要尽快食用，不然细菌可能会很快找上门哦。

哦，那这样说起来，家里的水果有一部分是可以放心地吃掉了。

对，有时候咱们会把水果不小心摔到地上，就会出现一块一块褐色的伤痕。

安全提示

机械性损伤的苹果是可以食用的。

摸起来还绵绵的。

这就是典型的机械性损伤，这个时候的水果，是没有任何问题的，可以放心地吃，不用担心它会不会有什么细菌，只是口感没有正常的好而已。

恩，那程老师，水果就是放在冰箱时间久了会有一小块烂的地方，这样的
还能吃吗？

夏天，我们通常会把食物全部放进冰箱，水果也不例外。
而香蕉在放进冰箱后，变成了烧火棍的样子。这样的香蕉
还能不能吃呢？事实上是可以的，因为香蕉只是被冻伤
了，这跟水果碰伤的成因虽然不同，但都是细胞损伤的结
果。只要没发生霉变都是可以食用的，只是口感会差一点。

香蕉太容易变黑了，我一直很犹豫它变黑以后还能不能吃，所以最后选择
一种最保险的方法，干脆不吃它。

香蕉表皮变黑还是可以吃的，但没有新鲜时营养高。香蕉
表皮变黑不是腐败，只是水果采收后成熟和衰老的一种结
果。水果受损伤越大，衰老就越快。一串香蕉受损少，一
根香蕉从一串香蕉上撕下来本身就受了损伤，又被反复翻
动，受损更大。

但是，程老师，夏天水果本来就容易变坏，储存的话只能放冰箱。

水果买回家后一时不吃或吃不完，放进冰箱是最好的保存
方式。但是，在放入冰箱之前注意不要清洗，否则容易变
质腐烂，并应尽量在一个星期内吃完。每种水果都有其最
适合的贮藏温度、保存期限。有些水果像香蕉、西瓜、猕

猴桃、芒果、木瓜、荔枝等，其实只要摆在室内阴凉角落处即可，不宜长时间冷藏。放得愈久，水果的营养及风味也就愈差。

啊，那以后在购买的时候就少买点。

对，很多人都爱吃水果，尤其对于一些不经常出门的人来说，更是喜欢一次性大量采购，然而由于保存方法不对，很多水果很容易就坏了。勤买少拿。

那还有一种最严重的就是发霉了。程老师，刚才那两种情况您说都能吃，但是发霉了这么严重的问题，您别告诉我还能吃。

哈哈，霉变的当然不能吃了。这是常识，霉变的食物不能吃，这一点很多人都知道。但是水果这么贵，吃一点也不要紧吧？估计这是一些人的想法。然而，这种做法是不可取的，垃圾桶一定是霉变食物最好的归宿。霉菌的生命力相当顽强，我们看到的霉菌只是成形的部分，在其周围已经有许多肉眼看不见的霉菌存在。而且，霉菌产生的毒素会在食物中扩散，我们很难准确地估计扩散的范围，最安全的方法就是扔掉它。

把发霉的部分剜掉，不也是同样的道理么，不能吃吗？

霉变造成的烂水果，千万不要吃了。因为我们肉眼都能看到霉变时，就意味着已经有很多霉菌在水果里面繁殖生长了。这种霉变的水果，往往还会产生异味。一般在霉变水果上出现频率最高的，就是以扩展青霉为代表的青霉，它们产生的展青霉素会引发胃肠道功能紊乱、肾性水肿等病症（图 14-2）。展青霉素与细胞膜的结合过程是不可逆的。也就是说，一旦产生毒素，就会"赖"在细胞上不走。即使少量的展青霉素，也会对细胞造成长期的损伤。

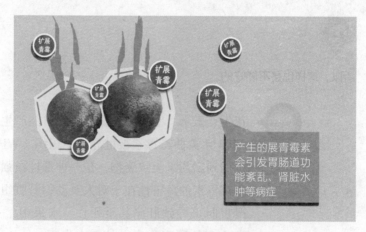

产生的展青霉素会引发胃肠道功能紊乱、肾脏水肿等病症

图 14-2　霉变水果中的展青霉素

在我们的生活中，有不少水果确实有些"娇气"，怕摔怕碰，怕冷怕热。有些老人因为怕浪费，用已经出现褐色斑块的鸭梨煮汤，就连发霉的橘子，也要"抢"出两瓣好的来吃。

坚决不可以，霉菌产生的展青霉素可以扩散到果实其他部位。霉变苹果上外观正常部位的展青霉素含量为霉变部位的 10%～50%。所以，把水果霉变部位去除再食用，是不安全的。

水果是这样，那生活中还有很多这样类似的情况，是不是也是一样的道理呢？

就食物而言，除了那些按照规范工艺生产出来的发酵食品，比如黄豆酱、臭豆腐、臭奶酪等可以正常食用外，不同的食物霉变还会产生不同的毒素。

所以，这样也是不能吃的。

花生、玉米、坚果等食物霉变后可能产生的黄曲霉毒素，1993 年黄曲霉毒素被世界卫生组织（WHO）的癌症研究机构划定为 1 类致癌物，是一种毒性极强的剧毒物质。黄曲霉毒素的危害性在于对人及动物肝脏组织有破坏作用，严重时可导致肝癌甚至死亡。水果中常出现的展青霉素、甘蔗中出现的节菱孢霉菌会在适宜的条件下生长繁殖产生了 3- 硝基丙酸毒素，人只要吃进少则 100g，多则 1000g 霉变甘蔗，都会给身体带来不同程度的危害，甚至致命。

安全提示

霉变的水果和食物不可以食用。

我明白了，那就是所有发霉的食物都不能吃喽？

对，非常正确。

好，非常感谢我们的程老师，下期再见！

水果籽的秘密

　　水果又香又甜，人人都爱吃，但是，对于里面的籽，要不要吃可就成了问题。有人说，籽是植物的精华，最富有营养，所以吃水果的时候要连籽一起吃，这样才"不浪费"。有人觉得营养和果肉本身差不多吧，甚至没有果肉有营养，吃不吃都行，肯定没有传说中的那么神奇。

　　其实，由于植物的种子包埋在果实内，因此果实就承担起了传播的重任。对于水果来说，它们主要依靠动物进行传播。因此，水果在成熟之时，会在表皮累积色素，从而带上红色、黄色、紫色、蓝色等鲜艳的颜色，以此向动物打出"我成熟了，快来找我"的信号。同时，水果本身还会累积大量的糖分和水分，变得香甜可口，更加引诱动物前来食用。

　　但是，这些果实不是白白给动物食用的。在动物食用果实的同时，必须保证种子不受到损伤，以保证它能够生根发芽。因此，植物们给了种子特别的保护：有的给种子加上了一层硬壳，例如桃子、李子等，就有由内果皮木质化而来的坚硬的"壳"，以此保护里面的种子；有的则让种子能耐受动物肠道内消化液的消化，例如猕猴桃、火龙果、西瓜等，这些植物的种子就能经受消化液的考验，游历动物们的肠道后依然毫发无损。

　　种子是植物得以孕育下一代的器官，因此它们会累积和果实不一样的物质。由于种子要供给刚萌发的幼苗以营养，而种子自身又不能太大影响传播，因此种子通常含水量很低，所以种子携带的营养，通常为蛋白质、淀粉、脂肪等含有较多能量、而且不需要太多水就能储藏的物质。

　　因此对比果实和种子可以看出，为了适应不同的任务，它们分别携带了不同的营养物质。如果从物质的种类上看，种子含有的营养物种类的确比果实多一些，然而如果考虑到总量，那么小小的种子当然比不上整个果实的营养物质多了。所以可以将种子看作是小小的营养仓库，但要是称为"水果的精华"，这也太高看它了。

程老师，水果一直是我们大家都非常喜欢吃的食物，而且是我们获取营养的一个非常好的渠道。但是呢，在享受果肉的美味时，嘎嘣一声吃到坚硬的果籽，总会让人感觉不太爽。说到水果的"籽"，那就先搞清楚"籽"到底是什么呢？水果里为什么会有籽？

从植物学上来说，我们吃的水果，基本都属于被子植物的果实。果实自从它诞生起就有着神圣的任务，那就是保护和更好地传播包被在其内部的植物幼体——种子。"被子植物"这一名称就是这样得来的。有了果实的包被，种子得以更好地传播，也使得我们今天能够吃到美味可口的水果了。

在我们的印象中，"籽"指的就是植物的种子。其实，这个概念只说对了一半。我们通常说的"水果"，实际上是一切可食用的肉质多汁、带有酸甜口味的植物器官的统称。虽然水果带有"果"字，但如果用植物学的眼光去看，它们不一定都是植物的果实。对于大多数水果来说，籽等于种子这一经验是成立的，我们所吃的是包裹在种子外侧肉质的果皮，有时甚至是种皮的一部分。而另一方面，如果我们吃的不是果实，那么这个"籽"本身就可能是植物真正的果实。例如，我们吃的草莓，实际上是膨大、肉质化的花托，上面那一粒粒的"籽"，其实才是草莓真正的果实。

那今天要程老师来科普了，种子是怎么变成水果的呢？

种子受精以后就开启了发育的钥匙，整个子房也在发生着显著的变化：子房壁细胞不断分裂膨大，使得整个子房变得膨大疏松起来；同时大量的水和营养物质（蛋白质、糖类、有机酸等）被运输到膨大的子房壁细胞中储藏起来（图15-1）。之后，在果实自身产生的激素乙烯的影响下，整个子房变得厚实而多汁，成为了我们吃到的水果。不过，在新生的水果中，里面又会包裹新的种子。如此反复，在漫长的历史中留存下来。所以，水果的籽对于水果来说就是生命的传承。

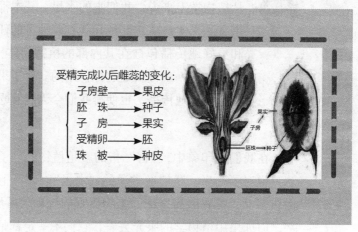

图 15-1　种子发育成果实

哦，这个小小的水果籽竟然承担了这么重要的作用，那如果我们把水果籽吃了，是不是它就无法延续生命了。这样到底是福还是祸呢？

其实，水果籽被人和动物吃还真不一定是什么坏事，反而有利于它的传播呢。有些植物的果实色彩鲜艳、香甜多汁，可吸引动物前来取食，并借此散播自己的种子，如鸟类或其他动物采食樱桃时，会将樱桃核丢在野外，无意中就为它做了种子传播的工作，即使被连皮带籽地吞下肚，樱桃坚硬的果核也能抵抗动物和人体消化道中的强酸，保护种子全身而退，最终在世界各地得以传播开来。所以，水果籽被吃，焉知非福呀。

程老师，那水果的种类那么多，是不是都一样呢，哪些水果的籽是可以吃的，哪些又是不能吃的呢？

一般来说，那些在果肉里面的种子都能吃，比如西瓜籽、西红柿籽、葡萄籽、火龙果籽。试想一下，如果有毒，不能吃，那岂不是会发生很多命案啊。所以，浆果里面的种子一般都是可以吃的。不过，这些籽通常也比较硬，表面会有一层坚硬的"被子"来保护种子，人体基本也无法消化吸收，通常会在第二天跟着排泄物排出体外。有些水果的种子煮熟之后，比如栗子，很好吃的，还有比如菠萝蜜的种子和榴莲的种子，这种水果籽就可以尝一尝。

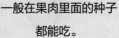

安全提示

一般在果肉里面的种子
都能吃。

哦，不错哦，回去我就要试试。

但是，有些水果的籽和核却不能吃，因为它们可能含有剧毒物质。比如，白果、北杏仁和亚麻籽就含有氰苷这样一种物质，含量还比较高，其他水果，如苹果、沙果、杏、梨、李子、枇杷、樱桃等的种子里也含有氰苷，虽然含量略低一些。

氰苷？听着名字感觉有毒？

氰苷本身是无毒的，但是当植物细胞结构被破坏时，含氰苷植物内的 β- 葡萄糖苷酶，可水解氰苷，生成有毒的氢氰酸，就可引起人类的急性中毒。有报道表明，婴儿如果吃下十几粒打碎的苹果籽，就有可能发生中毒。而因为吃苦桃仁、苦杏仁而中毒的报道更是屡见不鲜。所以，生食这些水果的种子，就会有比较大的风险，最好不要直接吃。

那我们平常也经常会吃这些水果啊，怎么才能避免中毒呢？

安全提示

有的水果籽含有氰苷，可能引发中毒事件，大家食用时要小心谨慎。

庆幸的是，氰苷很怕热，加热就可以将它们消灭掉。研究发现，煮沸可以除去 90% 以上的氰苷。所以，这类水果的籽就不要生吃了。不要咀嚼樱桃、桃、苹果、沙果、杏、梨、李子、枇杷等水果的籽或核，榨汁最好剔除果核（籽）。

嗯，这个大家一定要记住了，不要误食了这些水果的籽。那程老师，现在好多人说吃水果籽会有抗癌抗衰老的作用，比如，我们同事吃一种保健品，主要成分是葡萄籽，说葡萄籽好，吃葡萄的时候连籽一起吃，这个说法是真的吗？吃水果籽到底有没有好处呢？

就拿你说的葡萄来讲，科学家发现葡萄籽中的确有一些抗氧化物质，尤以原花色素最有名。原花色素有很强的抗氧化作用，能清除人体内产生的自由基，的确可能具有抗癌抗衰老的作用。不过，这并不表示你吃葡萄籽也有这样的好处。

第一，葡萄籽中原花青虽然在植物中有优势，但跟实验中使用的量还是有很大差异。在实验中用的原花色素都是经过提纯的，且浓度也大很多，正常饮食，要达到实验中的有效量，每天就得吃好几斤葡萄籽。吃几斤葡萄还是可以做到的，但要吃几斤葡萄籽这种事情对于绝大多数人来说都是比较奇葩的。

第二，葡萄籽很硬，外面还有一层坚硬的壳，嚼过的人应该都知道还挺硬的。吞过西瓜籽、葡萄籽的经历应该都有过，最后都是穿肠而过，其中的原花色素基本无法被人体吸收利用。

安全提示

水果籽对人体的好处非常有限，葡萄籽并没有谣传中有很强的功效。

第三，吃水果籽对人体的好处非常有限，至于抗癌等健康功效，还是不要抱太大希望得好，所以，不推荐大家去吃水果籽。

哦，大家看到了吗，吃葡萄籽是没有这么大的作用的，所以在吃水果的时候，没有必要将籽吃下去，还是好好享受美味的果肉吧。那些籽丢掉也不可惜的。

确实是这样的，还想跟大家说的是，有的植物的种子虽然没毒，但吃下去的确困难或者不方便，那么也不必为了追求那点营养而费力去吃它。例如西瓜籽虽然可以食用，但如果只是为了吃西瓜的话，收集这些西瓜籽也挺费事，除非特别喜好，否则也没这个必要。还有的植物种子带有硬壳难以咬开，例如龙眼、荔枝等，自然也不必特别去吃种子。事实上，对于这一类水果来说，人们培育的方向就是让种子尽量小，以此来增加可食用部分，并且方便人们食用。

最后，如果是一些细小而又无毒的种子，那么大可以和果实的其他可食用部分一起吃下去，例如猕猴桃和火龙果，肯定是连肉带籽一起吃下。这时我们也不是在追求籽里面的那一点营养，而是图吃得爽快罢了。

谢谢程老师分享了这么多关于水果籽的知识，让我们尽情享受果肉的乐趣吧。

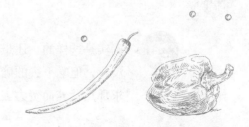

小心"糖精枣"

　　红枣的特点是维生素含量非常高，有"天然维生素丸"的美誉，具有滋阴补阳，补血之功效。李时珍在《本草纲目》中说：枣味甘、性温，能补中益气，养血生津，用于治疗"脾虚弱、食少便溏、气血亏虚"等疾病。常食大枣可治疗身体虚弱、神经衰弱、脾胃不和、消化不良、劳伤咳嗽、贫血消瘦，养肝防癌功能尤为突出，有"日食三枣，百岁不显老"之说。目前我国枣分为山东枣、山西枣、河北枣、新疆枣、陕北枣、甘肃枣等几大类。枣一直深受我国消费者喜爱，大家一边吃着香甜的枣，又一边听着"糖精枣"的传言。就算枣有再好的功效，也实在是无法放心地享受。近日，海口琼山区食药监局检查海口市一家水果批发市场，查获 3.3 吨疑似"糖精枣"，甚至有传言说短时间内吃进大量糖精钠，会造成急性大出血。每当有食品安全问题出现的时候，"躺枪"的肯定是商贩和水果，那么"糖精枣"是真的吗？为什么会出现"糖精枣"？没有成熟的枣有两个大问题：其一，吃起来发涩不甜；其二，颜色青绿。于是不法商家根据食品的这两个缺陷，动了歪脑筋，但手段并不高明，他们利用热水加糖精钠的办法加工未成熟的枣。那糖精枣真的这么可怕吗？如何避免糖精枣呢？程老师将为大家详细解读。

程老师，我们都知道枣对女性有补气养血的功效，大多数人都特别喜欢吃，尤其是现在市面上的大鲜枣，又脆又甜，特别好吃。可是您知道吗？现在市面上出现了一种"糖精枣"来以次充好，这种枣是劣质枣人为加工制成，吃多了会影响人的健康。程老师，到底什么是"糖精枣"啊？

糖精枣是一个老百姓的俗称，不是一个科学的名词。一般来说，劣质枣添加糖精钠、甜蜜素，使其变红、变甜，这种枣被称之为糖精枣。

糖精钠、甜蜜素？甜蜜素我们在之前的节目提到过，那糖精钠是什么？是非法添加物吗？

不是的。糖精钠、甜蜜素都是有机化工合成产品，都是合法的食品添加剂，但这两种添加剂除了在味觉上引起甜的感觉外，不参与体内代谢、不产生热量、随尿排出，无任何营养价值。根据 2015 年 5 月 24 日正式实施的《食品添加剂使用标准》（GB 2760—2014）中规定，糖精钠、甜蜜素两种添加剂的允许添加范围内，不包含新鲜水果，也就是说，新鲜水果禁止添加糖精钠、甜蜜素。

当大量食用糖精钠、甜蜜素时，会影响肠胃消化酶的正常分泌，降低小肠的吸收能力，使食欲减退；短时间内吃大量糖精钠、甜蜜素，会对肝脏、肾脏都造成不利影响。特别是对一些老年人、孕妇、小孩这些代谢比较慢的人群危害更大，欧美一些国家已经停止使用甜蜜素。

这糖精钠和甜蜜素属于合法的食品添加剂，哪些食物会用到这种食品添加剂呢？

这就得分开来说了。甜蜜素，前面节目当中我们讲过，这里我们再简单说明一下，甜蜜素化学名称为环己基氨基磺酸钠，是食品生产中常用的添加剂，其甜度是蔗糖的30倍~40倍。甜蜜素分为A型和B型（图16-1）。中国《食品添加剂使用标准》（GB 2760—2014）明确规定，甜蜜素在冷冻饮品、水果罐头、果酱、蜜饯凉果等范围内使用，最大使用量为8.0g/kg。

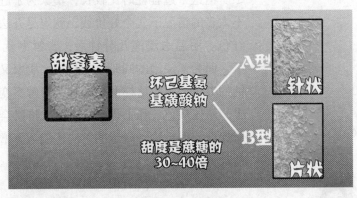

图 16-1 甜蜜素

糖精钠是一种有机化工合成产品，是一种白色粉末，无臭或微有香气，味浓甜带苦，长期以来作为食品添加剂"甜味剂"使用。

在新版食品添加剂使用标准中，禁止在面包、糕点、饼干、饮料等食品中使用糖精钠，进一步缩小了糖精钠在食品中的使用范围。

《食品添加剂使用标准》（GB 2760—2014）规定，糖精钠的最大使用量为0.15g/kg。其实，在中小学生的饮品和零食中，一般糖

安全提示

瓜果并不在糖精钠、甜蜜素等添加的范围。

精钠含量最多，家长须提醒孩子购买时要注意。

一些中小学校的周围，遍布各种小食摊档，卖各类汽水、雪糕、话梅等。在蜜饯、雪糕、糕点以及饼干等的制作中，基本上都大大超标和超范围使用糖精，但在产品的标签上却很少注明含有糖精，消费者在不知不觉中长期食用，健康安全已受到损害。

那这糖精枣到底是怎么做成的呢？

鲜的青枣如果自然放置几天后，会自动变红，变成红鲜枣。但这个过程耗时比较长，卖家为了赶在市场上鲜枣还不太多的情况下卖个好价钱，就想尽办法希望把青枣变成红色。用温水浸泡几分钟后，青鲜枣就可以变成红色的了，而为了浸泡的同时增加甜味，卖家又采用了添加糖精钠的方法。通过这样两个处理，青鲜枣变成了更甜美的红枣，不仅从色、味上得到了改善，价格会在原来基础上有所提高，而且这种浸泡的方法还能为枣增重，从而实现利益最大化。

程老师，虽说这原本的青枣不一会儿就"脸红"了，不过假的就是假的。说到这儿我想请教您，我们平常生活中该如何辨别眼前的鲜枣是自然成熟的还是糖精枣呢？

第一步就是看枣的颜色，外观绿红分明、颜色是铁锈红、暗红色的就是糖精浸泡过的；而自然成熟的大枣，有一个从绿到黄、再到红逐渐变色的过程，果皮上不会绿红分明（图 16-2）。

图16-2 通过颜色认出"糖精枣"

第二步捏枣子松软度和表皮黏度，"糖精枣"捏起来比较软，表皮会有黏的感觉；而自然熟的枣子比较坚硬，表皮干净不黏。

第三步掂枣子分量，"糖精枣"由于泡过水，分量较正常的枣子重量大一些。

第四步就是品尝，"糖精枣"外皮有明显甜味，甜度甚至超过果肉，咀嚼后会有些许甜后发苦的感觉。

在这儿要特别提醒朋友们，其实正常成熟的青里带红的枣里面的多酚含量和抗氧化性都要高于全红的枣。因此，不管是从营养，还是从安全的角度出发，青里带红的枣都是最佳选择。加工后的"糖精枣"的糖精钠、甜蜜素基本都附着在枣的表面，建议大家最好要对买来的冬枣进行认真清洗后再食用。

安全提示

正常成熟的青里带红的
枣才是最佳选择。

非常感谢程老师带来的专业讲解。"糖精枣"违反了国家食品安全法相关规定，如果摄入过量的糖精钠，会影响肠胃消化酶的正常分泌，降低小肠的吸收能力，使食欲减退，对人体健康造成极大损害。所以在挑选枣子时一定要注意啦，同时一定要记得清洗，以防买了"糖精枣"。

含有苯甲酸的红枣
还能吃吗？

近日网上有一网友提问引起了网民的热议："我们这里一个企业生产的和田大枣经检验，苯甲酸不合格，我们在处理时发现套用《中华人民共和国食品安全法》有点问题：如果用第三十四条第二项'致病性微生物、农药残留、生物毒素、重金属等污染物质以及其他危害人体健康的物质含量超过食品安全标准限量的食品、食品添加剂、食品相关产品'，苯甲酸是否属于其他危害人体健康的物质？如果用第十三项'其他不符合法律、法规或者食品安全标准的产品、食品添加剂、食品相关产品'可是苯甲酸检验不合格属于不符合什么食品安全标准的食品呢？……"随后该地区质监局组织食品检测专业人员对全地区七县一市部分红枣加工企业、市场、种植户，按照法定程序随机取样，共取样 18 份，涉及生产企业加工食品、原料红枣，农户自产原料红枣。取样后，该地区质监局质量与计量检测所按照国家标准对样品中苯甲酸含量进行逐一检测，所有样品水分含量为 7%～20%，均检测出含苯甲酸，最低含量为 0.043g/kg，最高含量为 0.210g/kg，平均苯甲酸含量为 0.089g/kg，均在安全范围内。市场上关于红枣含丙氨酸的流言还是层出不穷，让我们再来听听程老师的具体讲解。

程老师，咱在上期节目中聊了糖精枣，今天我们继续来聊一下枣的话题。这不吃鲜枣的季节快过去了嘛，大家都开始吃大红枣了，可最近网上又出现红枣不合格的消息，说是红枣里检出了防腐剂成分——苯甲酸。有传言认为，苯甲酸是厂家添加到红枣中的防腐剂。

最近网上都在疯传这个消息。还是那句话，我们要学会科学地看待我们的食品安全问题。红枣原产于我国黄河流域，距今已有4000多年的栽培史。它含有丰富的多糖、膳食纤维和矿物质，是我国第一大干果。无论直接吃还是煲汤、煮粥、做糕点都很不错，最近几年出现的"枣夹核桃"等零食就很受消费者的欢迎。

不过，大约从2012年开始，全国各地不断出现红枣不合格的报道，其中一个就是你说的这个报道，是红枣里面检出了苯甲酸。

程老师，这个苯甲酸究竟是一种什么物质呢？

很多人一看到化学名词首先想到的就是化工厂、人工合成、有毒有害，实际上苯甲酸是自然界常见的化合物。苯甲酸并不是只有在红枣中，许多其他植物中都可以检测到苯甲酸。

植物中常含有"苯丙氨酸"，这种物质在酶的催化下可以逐步转化为苯甲酸。这是植物生长正常的代谢产物，可以说是植物进化出的自我防护本领，可以抵御真菌和虫害。

多数成熟浆果中均含有0.05%左右的苯甲酸，有的品种含量可以达到 0.1% 以上，比如蓝莓、蔓越莓、李子、杏子等水果，以及土豆、黄豆、豆豉、谷物、坚果等植物性食品中也可检出苯甲酸。植物中普遍存在微量苯甲酸，导致以植物为食的动物体内也会有，例如牛奶、酸奶、蜂王浆等（图 17-1）。

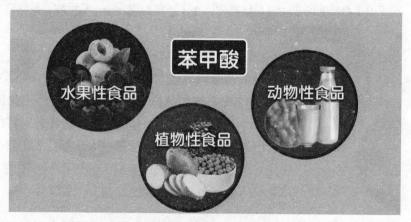

图 17-1　含有苯甲酸的食物

我们无法知晓是不是有些人为了防腐在枣的储存中加入苯甲酸。但事实上，绝大部分红枣中检测出的苯甲酸，并不是人为添加的，也不是农户使用化肥农药产生的，而且相关数据表明，在干枣的储存过程中苯甲酸含量变化也不大，因此只能是它自己产生的。当枣还是青色的时候基本检测不出苯甲酸，随着营养物质积累，枣逐渐成熟变红，苯甲酸从无到有，逐渐增加（图 17-2）。

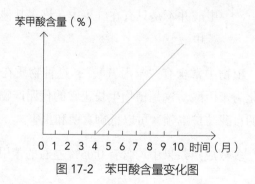

图 17-2　苯甲酸含量变化图

既然是天生的，那么为什么有的检验得出来，有的检验不出来呢？

红枣虽然都含有苯甲酸，但不同地区、不同品种红枣中的苯甲酸含量有很大差异。比如研究数据显示，新疆的骏枣、河北的金丝小枣中苯甲酸含量可以达到 0.1% 以上，市场上销售的狗头枣、滩枣等品种苯甲酸含量也接近 0.1%。当然，影响苯甲酸含量最大的因素还是干燥方式。红枣收获后需要干燥，主要方法有自然晾干、晒干和热风烘干，这个过程中苯甲酸也会增加。采用不同的干燥方法，红枣的苯甲酸含量也不同。

那么，哪一种干燥的方法，苯甲酸含量较低呢？

从监测和抽检的数据来看，拿狗头枣和滩枣等品种的数据来比较，采用自然晾干的方法，红枣中的苯甲酸含量应该是最低的，接近 0.01%；如果晒干，苯甲酸的含量会比晾干的多 1 倍~2 倍；烘干的话，苯甲酸含量普遍增加 2 倍以上，如烘干的金丝小枣中，苯甲酸含量超过 0.06%（图 17-3）。

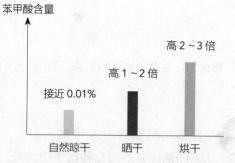

图 17-3　采用不同干燥方法的苯甲酸含量变化图

　　适合红枣生长的地区常常比较干燥，例如新疆、甘肃、陕西、山西等，即使自然晾干也不太容易霉变。为了提高红枣的含糖量，农户往往会等到 10 月中下旬采收，此时红枣实际已经半干，更没必要放防腐剂了。

　　除此之外，苯甲酸最喜欢偏酸的环境，比如 pH 2.5 ~ 4.0，而红枣并不是这样的环境。多数红枣自身就含有苯甲酸。所以，对于红枣的保存，枣农和厂家并没有必要添加防腐剂。

安全提示

网络上说的红枣用苯甲酸来防腐是不科学的。

可是苯甲酸毕竟是一种化学物质，吃了含苯甲酸的红枣会影响我们的身体健康吗？

　　苯甲酸及其钠盐是我国合法的食品添加剂，在很多食品类别均可以使用。但它的允许使用范围并不包括红枣。这个我们可以参考 2015 年 5 月 24 日正式实施的《食品添加剂使用标准》（GB 2760—2014），在这个里面有对于苯甲酸及其钠盐的使用品种、适用范围以及最大使用量或者残留量的明确规定。

虽然红枣自带防腐剂，但中国人吃了几千年都没问题。苯甲酸不会在体内蓄积，吃进去只需要大约半天时间就会排出体外。更重要的是"剂量决定毒性"。根据世界卫生组织的数据，60kg 重的成年人每天摄入 300mg 苯甲酸不会产生任何健康问题。

由于绝大部分红枣的苯甲酸含量不足 0.1%，以此推算，就算一个人一辈子每天吃 1000g 红枣，苯甲酸的摄入量也远低于 300mg。所以，大可不必担心红枣中的苯甲酸会影响健康。

根据程老师专业的讲解，我们可以得知绝大部分的苯甲酸其实是红枣自己产生的，而且晾干的红枣也无需使用防腐剂。虽然红枣自带苯甲酸，但它不会在体内蓄积，半天就可排出体外。而且最重要的是，绝大部分红枣的苯甲酸含量不足 0.1%，就算一个人一辈子每天吃 1000g 枣，苯甲酸的含量也处于正常范围，完全没有必要担心。

食醋的文化和历史

所谓醋文化，是以醋为载体，并通过这个载体来传播各种文化，是醋与文化的有机融合，这包含和体现一定时期的物质文明和精神文明，也就是与醋相关的法典、制度、传说、风俗习惯、礼仪礼节、语言文学、典章故事，以及其所带来的心理反射和联想的总和，它不仅包括价值观、语言、知识等精神层面，还包括所有相关的物质对象。

醋，味酸、甘，性平。归胃、肝经。能消食开胃，散淤血，止血，解毒。

醋是以粮食、糖、酒等原料经醋酸菌发酵酿制而成的。其中乙酸（化学式为 CH_3COOH）含量约为 3% ~ 5%，是生活中不可缺少的调味佳品，质量好的醋，酸而微甜，带有香味，调拌各种热、冷菜，只要用量适当，做法精巧，就能烹饪或凉拌色香味俱佳的美味佳肴。醋作为一种调料品，具有激起食欲、刺激胃酸分泌、帮助消化等好处。

山西老陈醋选用优质高粱、大麦、豌豆等五谷经蒸、酵、熏、淋、晒的过程酿就而成，是中国四大名醋之一，至今已有 3000 余年的历史，素有"天下第一醋"的盛誉，以色、香、醇、浓、酸五大特征著称于世。山西老陈醋色泽呈酱红色，食之绵、酸、香、甜、鲜。山西老陈醋含有丰富的氨基酸、有机酸、糖类、维生素和盐等。以老陈醋为基质的保健醋有软化血管、降低甘油三酯等独特功效。

为展示中国醋都的独特地方文化魅力，清徐县 2007 年 3 月 5 日举办了中国醋文化节。

清徐县位于山西省中部，历史悠久，文化发达，山川秀丽，物产丰富，素有"醋都、文化城"的美誉，是中国老陈醋的正宗发源地和最大生产基地，有着四千多年的酿醋史。

中国食品行业人士认为，清徐老陈醋以清香浓郁、绵酸醇厚的品质久盛不衰，位列全国四大名醋之首，被誉为"华夏第一醋"。

程老师，提到山西，您一下子会想到什么？

会想到山呀。

好吧，是我错了。那跟吃有关的呢？

跟你开个玩笑，一提到山西，我首先想到的肯定是咱们山西的老陈醋。

是的，程老师。老陈醋可以说是咱们山西的一张亮丽名片，而且已经成为我们生活中的必需品。我就感觉如果没有醋，我这顿饭就吃不好。

哈哈，是的是的。我们山西人与醋有着不解之缘，它已经融入到了我们的生活和情感当中，醋不只是一种调味品，还有其他诸多对我们的身体健康有利的功效。比如它可以消除疲劳，促进睡眠，并且具有很好的抑菌和杀菌作用，能有效预防肠道疾病和流行性感冒等。

安全提示

醋除了有调味功能外，还具有多种营养保健功能和医疗价值。包括杀菌解毒、降血压、健美减肥、美容护肤、抗癌、消除疲劳等功效。

程老师，您说醋是起源于中国吗？它为什么叫醋呢？

据现有文字记载，东方醋就是起源于咱们中国，酿醋历史至少也在 3000 年以上。王君，你知道这个"醋"在古代叫什么吗？

这个我还真不知道，您快跟我们说说。

"醋"这个字在中国古代称"酢"（zuò），左边是"酉"字旁，右边是昨天的"昨"字的右半部分。

哦，是这样。

而酢这个字，据相关的文献记载，周王室中已有了"酢人"[zuò rén]，专管王室中酢的供应。所以我们推测早在周朝的时候，醋就已经有了。不仅如此，醋的左半部分"酉"其实是"酒"字最早的甲骨文。在古代，"醋"也称之为"苦酒"。

我知道了，说明"醋"是起源于"酒"的。

恭喜你，答对了。

其实我知道醋是起源于酒，是因为我知道这么一个故事，据传古代的时候这个醋是酒圣杜康的儿子黑塔发明的。杜康发明了酒，他儿子黑塔在作坊里提水、搬缸什么都干，慢慢也学会了酿酒技术。后来，黑塔酿酒后觉得酒糟扔掉可惜，就存放起来，在缸里浸泡。到了第 21 日的酉时，一开缸，一股从来没有闻过的香气扑鼻而来。在浓郁的香味诱惑下，黑塔尝了一口，酸甜兼备，味道很美，便贮藏着作为"调味浆"。这种调味浆叫什么名字呢？黑塔把二十一日加"酉"字来命名这种调料叫"醋"（图18-1）。

图 18-1 "醋"字的由来

说得很好。后来各个朝代对醋就进行了传承和发展。到了春秋战国时期，已有专门酿醋的作坊。到汉代时，醋开始普遍生产。到了南北朝时期，酿醋工艺更趋完美，使食醋生产有了很大的发展，当时醋被视为贵重的奢侈品，官员、名士之间宴请，把有无醋作调料视为筵席档次高低的一种标准。到了唐代，醋开始普遍使用，出现了以醋作为主要调味的名菜，如葱醋鸡、醋芹等。

唐朝接着就是宋了，那宋朝的时候，醋又发展到什么程度呢？

到了宋代的时候，醋已经成为人们饮食生活中必备之物。宋吴自牧《梦粱录》中记载："盖人家每日不可阙者，柴米油盐酱醋茶"，醋已成为开门七件事之一。

原来这句话那么早就有了。程老师，据我了解，醋到了清朝的时候，就已经发展得炉火纯青了，到了现在，更有"四大名醋"的说法，山西老陈醋、阆中保宁醋、镇江香醋和福建永春老醋，也有人说是福建红曲米醋。

是的。我们山西的老陈醋可以说是中国四大名醋之首。山西老陈醋主要产自清徐。老陈醋色泽呈黑紫，口感是"绵、酸、甜、醇厚"（图 18-2）。山西人善酿醋爱吃醋，素有"老醯儿"之称。

图 18-2　老陈醋醋缸

那醋和"老醯儿"有啥关系呢？

古时管醋叫醯，把酿醋的人叫"醯人"，由于山西人对酿醋技术的特殊贡献，再加上山西人嗜醋如命，又巧合了"醯"和山西的"西"字同音，所以外省人就尊称山西人为"山西老醯"了。

所以我们也是当之无愧的。那其他几种醋有什么特点呢？就比如这个四川保宁醋？

在四川，有阆中市保宁镇这么一个地方，所以它是以地方命名的。保宁醋距今已有1078年的历史，近400年来，保宁醋通过不断探索和创新，最终形成以麸醋、药醋为特色而名扬中华醋苑的百年老字号。在中国四大名醋中，"保宁醋"因坚持以传统酿造工艺制醋以及蜀道难行的原因，长期以来以中国西部为主要市场，市场规模与山西醋整体相比，相对较小。而随着交通的便利和产能的扩大，保宁醋正在全国快速发展，并随着川菜的传播名扬中外。

各个地方爱吃各个地方产的醋，我去江苏出差的时候，那里的饭店普遍都用的是镇江的香醋，味道确实挺香。

镇江醋比起其他种类的醋来说，重点在有一种独特的香气。并且镇江香醋酿制技艺已被列入首批国家级非物质文化遗产名录，这也是江苏省食品制造业中唯一入选的传统手工技艺。

那福建永春老醋呢？它又有什么不一样的？

永春老醋源于历史上著名的福建红曲米醋，它的色泽棕黑、酸中带甘、醇香爽口、久藏不腐。既是质地优良的调味品，又兼有治病功效，可防治腮腺炎、胆道蛔虫、感冒等疾病。

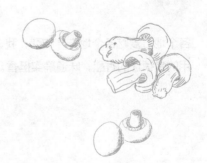

食醋的种类你了解多少

　　醋是中国各大菜系中传统的调味品。据现有文字记载，古代汉族劳动人民以曲作为发酵剂来发酵酿制食醋，东方醋起源于中国，有文献记载的酿醋历史至少也在 3000 年以上。"醋"中国古称"酢""醯""苦酒"等。"酉"是"酒"字最早的甲骨文。同时把"醋"称之为"苦酒"，也同样说明"醋"是起源于"酒"的。

　　据传说醋是由古代酿酒大师杜康的儿子黑塔发明而来，因黑塔学会酿酒技术后，觉得酒糟扔掉可惜，由此不经意酿成了"醋"。我国著名的醋有山西老陈醋、镇江香醋、河南老鳖一特醋、天津独流老醋、保宁醋、红曲米醋。同样，食醋也有不同的种类。

程老师，之前我们探讨了关于醋的文化，知道了醋有着悠久的历史，早在周朝就已经出现了。而且经常喝醋能够起到消除疲劳等作用，醋还有治感冒的作用。程老师，我今天想问您一个实际的问题。

可以，你想知道些什么？

程老师，我们知道现在市面上有各式各样的醋，它们是怎么分类的呢？

食醋由于酿制原料和工艺不同，没有统一的分类方法。若按制醋工艺流程来分，可分为酿造醋和人工合成醋。

酿造醋，我知道肯定是用粮食之类的原料酿制而成的醋；人工合成醋，是由人工合成而来的，是不是不好呢？

你基本答对了一半。酿造醋按原料不同可分为粮食醋、糖醋（用饴糖、糖蜜类原料制成）、酒醋（用白酒、食用酒精类原料制成）、果醋（用水果类原料制成）。粮食醋根据加工方法的不同，可再分为熏醋、特醋、香醋、麸醋等。人工合成醋又可分为色醋和白醋（图 19-1）。

图 19-1　酿造醋的种类

您刚才说的人工合成醋，它到底是怎么制作出来的？

人工合成醋用可食用的冰醋酸稀释而成，其醋味很大，但无香味。这种醋不含食醋中的各种营养素，因此不容易发霉变质；但因没有营养作用，只能调味。

所以，若无特殊需要，我们还是选用酿造醋吧。

对。说起酿造醋，我们也是在不断地进步的。我们知道醋是用曲酿造出来的，中国古代酿造食醋所采用的曲种主要是以根霉为主的白色曲饼和以米曲霉为主的黄色曲两类。

感觉这个工艺很复杂，原料也很讲究。

对，酿造食醋采用的曲种也是在一步一步发展的。唐代《四时纂要》中记载的制醋用曲基本继承了《齐民要术》中被称作黄衣的米曲霉散曲和根霉饼曲，并开发出了新品种——将糙米和大麦分别制成米曲霉散曲，并采取曲及面饼同时分批投入的工艺；到了宋代酿酒用曲已全部改为生料，而制醋原料处理依然采用常用的蒸熟法，还开发了新的曲种，"东阳曲酒方"就采用了新的根霉曲种。元代的制醋工艺已基本形成了用什么谷物制醋就用什么谷物制米曲霉曲的规律，大都使用单一米曲霉散曲而不是使用饼曲了。

这说明人们已经开始对醋的风味有了更高的要求。

《居家必用事类全集》中记载了中国最早生产麸曲进行液态发酵的"造麸醋法"。《易牙遗志》中还有用白曲生产大米醋的记载，以及中国南方传统玫瑰米醋酿造方法的最早记载。

听了程老师的介绍，我还真的是长见识。现在有各种各样的醋，麸醋、糙米醋、糯米醋、小麦醋、米醋、还有水果醋，比如说苹果醋！这么多醋，它们有什么区别呢？

这么多醋，其实都属于酿造醋，从名字上面我们就可以知道，它们的名字就是它们酿造的主要原料。先来说说麦麸醋，以麦麸为主要原料，含有氨基酸、膳食纤维、B族维生素等。由于膳食纤维、B族维生素对人体有特殊作用，而麦麸又是小麦的副产物，因此麸醋也是一款健康环保产品，应当大力推广。麸醋的杰出代表应为四川的保宁醋。再来说说糙米醋，以漂白前的糙米为原料，含有氨基酸，味道美味，可加入蜂蜜或果汁饮用；糯米醋纯天然酿造，含氨基酸、维生素、醋酸及有机酸等营养，味道甘美，具健康之效。

小麦醋，酿造醋还可以用小麦吗？

一般做醋南方多用大米比如米醋，是使用大米制成；采用民间最原始的手工酿造工艺形成。北方多用高粱，而河南特醋使用小麦为主料，这在全国食醋行业是不多见的（图19-2）。

南方醋　　北方醋

高粱

大米

小麦

采用民间最原始的手工酿造工艺形成。

经研究证明，小麦脂肪含量低，蛋白质含量较高，并且其蛋白质的组成以麸胶蛋白和谷蛋白为主，经曲霉水解成各种氨基酸，它是形成食醋鲜香味的主要成分。

图 19-2　不同地域生产的醋原料不同

其实我最感兴趣的是水果醋，比如我们女性最爱喝的苹果醋，它就特别的好喝。它的主要原料是水果吧？

苹果醋，这里所提到的"醋"，并不是厨房里的调味品，而是指苹果汁经发酵而成的苹果原醋、再兑以苹果汁等原料而成的饮品。苹果原醋兑以苹果汁使得口味酸中有甜，甜中带酸，既消解了原醋的生醋味，还带有果汁的甜香，喝起来非常爽口。除此之外，还有红枣醋。红枣醋是用红枣或红枣汁为原料，在传统酿造工艺的基础上经现代生物工程技术两次微生物发酵酿制而成的醋。它不仅能美容养颜，解酒护肝，而且对预防心脏病，脑卒中有特效，具有肯定的防癌作用，还能提高人体免疫力。

以上均属天然酿造醋，市面上出售的醋，品种繁多，选购时要多加留心。那今天程老师说了这么多，朋友都了解了吗？好的，非常感谢我们的程老师！

选对醋，就是选择了健康

　　用高浓度醋酸加水稀释后造成的假醋，您敢吃吗？2014 年 11 月 25 日，山东冠县查处一家酱油、醋造假窝点，当场查获其违法生产的假醋 500 斤、假酱油 300 斤。

　　据当事人姚某交代，从外地购进 20 多桶餐餐香醋、醋酸和大粒食盐，将以上原料按一定比例倒入搪瓷大缸加入自来水勾兑，经过包装后销售到饭店、商店和小食品摊贩，进入消费者的餐桌。其中，每桶花 150 元购进一批高浓度醋酸，每桶 50 斤，将其倒入瓷缸经过勾兑就能生产数百斤食用醋，利润相当可观。而当时，执法人员根据院内横七竖八堆放的大量塑料空桶判断，当事人的生产销售数目不少。醋和酱油是人们日常生活中必不可缺的调料，在这些产品上造假掺伪，制造销售问题食品，危害极大。

　　冠县食药监局工作人员提醒，消费者购买酱油和醋，要认准"QS"标志，再就是到正规商店购买，尽量不要贪图便宜买假货。选醋有讲究，买醋需谨慎。接下来让我们看看程老师给出的专业讲解。

说起醋，我们已经算是对它有所研究了吧。我们都知道，醋是每个家庭都必备的一种调味品，它有解腥祛膻、减辣添香等作用。现在市面上的醋种类繁多，有米醋、陈醋、香醋、熏醋、白醋等。之前程老师给大家介绍过，市场上有很多种类的醋，其实我们可以把它分为两大类，一类是酿造醋，另一类叫配制醋也叫人工合成醋，酿造醋我们已经很了解了，那什么是人工合成醋呢？

我们先回忆一下酿造醋，它其实是以粮食为主要的原料，来酿造的。这个酿造的过程很长，有点类似酿造酒。配制醋或者是人工合成醋，从严格的意义上来讲，是国家允许食用的一类醋，它并不仅仅是用醋酸来进行勾兑的，而是用酿造醋与食用冰醋酸，也就是醋酸，来进行调制的。

针对勾兑醋的比例，我们国家有没有什么特别的要求呢？

勾兑醋当中，对于酿造食醋的比例，也是有一个非常严格的规定，要大于等于50%。

也就是说一瓶调配醋当中，至少有半瓶或者半瓶以上的酿造醋。这些也都是正规的醋，是好醋。从价格总体来说，酿造食醋应该会更贵一些吧。

对，更贵一些。它的工艺更复杂一些，时间相对来说也很长，所以相对来说更贵一些。

记得程老师跟我们讲过，我们在选用醋的时候，尽量选择酿造醋。程老师，我之前看到过这样一则新闻，山东冠县查处一家酱油、醋造假窝点，执法人员当场查获其违法生产的假醋 500 斤、假酱油 300 斤。这里面的假醋，跟我们配制醋有什么区别呢？

这些假醋，其实是拿高浓度的醋酸加水，来进行勾兑。

那我就想问问您了，这高浓度的醋酸是什么？

醋酸其实现在可以化学合成，也就是工业醋酸。工业醋酸属有机化工原料，接触皮肤会引起灼伤、刺痛、发水疱，引发鼻、喉、眼睛等疾病。它闻起来是酸的，尝起来是酸的，但是它不是酿造出来的，是工业合成的。就像刚才我说的那条新闻：其一，它生产醋的卫生条件，不符合我们食用的条件；其二，它可能会掺有比较多的工业废品，如重金属、一些杂质，是不适合人食用的。

那如果我们长期食用这种假醋，会有什么后果？

用工业醋酸制成的假醋会对人体健康造成极大的伤害。由于工业醋酸中含有重金属铬（图 20-1），铬不能被人体吸收和排泄，由此加工的食醋，长期食用可导致沉积性铬中毒，对人体血液、骨骼和中枢神经毒害极大，会造成胎儿畸形、白血病、痴呆、脱发以及其他不明症状。重金属在人体内是排不出去的，会损害肾脏。

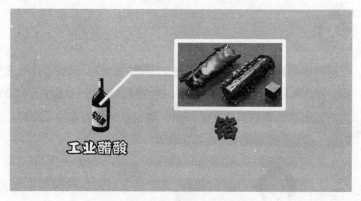

图 20-1　工业醋酸中含有铬

看来不良商贩为了求财，用这种高浓度工业醋酸来勾兑白水，做成这种假醋上市，对大家的身体健康危害实在太大了。那么我们应该怎么选择才能够避免自己食用到这种假醋呢？

其实辨别方法也很简单，不管是勾兑醋还是酿制醋，里面都含有酿造成分。我们酿造的食醋里都有粮食，粮食里面大部分包含淀粉，所以它有一个明显的特点，酿造食醋里会残留一定的淀粉，一瓶没打开的醋，把它倒过来，在它的底部会有一些沉淀，那不是不干净，其实这恰恰就是没有糖化的淀粉，所以购买的时候，可以简单地观察一下。

刚才程老师跟大家分享了怎么样来区分真醋和假醋。但是把假醋排除在外，真醋的品质也有好有坏，那程老师教教我们，怎么才能买到真醋当中的好醋。

三个字，看、晃、闻。一是看，看标识。看营养成分表的配料，配料第一是水，接下来是一些粮食，食用盐等，也可以看它属于酿造还是配制的醋，一般来说，酿造醋要比配制醋好。二是晃，我们选购醋时，可以使劲地晃动，晃动之后会看到醋里有很多的泡沫，醋在酿造过程中，它会有非常多的氨基酸产生，我们在晃的过程中，就会有非常多的气体，这些泡沫其实就是氨基酸，产生的泡沫越多越好，并且很难长时间散开。第三闻，醋在酿造的过程中，里面包含很多粮食，所以它的味道特别得醇香，并不是简单的酸或者甜。

程老师，我还有一个问题，市面上有很多种类的醋，有凉拌醋，也有饺子醋，它们功效只能一个拿来拌凉菜，另一个拿来蘸饺子吗？它们跟其他的又有什么区别呢。

我们在挑选醋的时候，个人口味不同，有的人喜欢陈醋，有的喜欢米醋。而且醋有度数。

度数？醋还有度数。不同度数的醋，对应的功能和用途又有什么不一样呢？

醋的度数，代表醋的酸度。5 度以下的醋，适合炒菜，这也是用途最多的一种功能；5 度 ~ 8 度的，适合蘸食、拌凉菜，因为度数高一些，它的杀菌功效也会好一些；9 度 ~ 16 度，这个酸度更适合用它做保健醋。一般讲度数越高，醋的香味就越小。

那今天程老师说了这么多，观众朋友都了解了吗？好的，非常感谢程老师的精彩讲解。

食盐里的亚铁氰化钾

2009 年，针对有关媒体对食盐抗结剂"亚铁氰化钾"安全性的质疑，原卫生部回应表示，有关食品安全方面专家认为，规范使用食盐抗结剂"亚铁氰化钾"不会对人体健康造成危害。

亚铁氰化钾，俗称黄血盐，是国内外广泛使用的食盐抗结剂，国际食品法典委员会及日本、澳大利亚、新西兰、欧盟都允许作为食品添加剂使用。中国《食品添加剂使用卫生标准》中允许其在盐和代盐制品中作为抗结剂使用，用于防止食盐结块，最大使用量为 10mg/kg，在产品包装上应当标识，可以标识为"亚铁氰化钾"或"抗结剂"。

专家指出，亚铁氰化钾中的铁和氰化物之间结构稳定，只有在高于 400℃的情况下才可能分解产生氰化钾，但日常烹调温度通常低于 340℃，因此在烹调温度下亚铁氰化钾分解的可能性极小。

亚铁氰化钾的毒性很小，而剧毒化合物氰化钠和氰化钾经口中毒的致死剂量分别为 100mg 和 144mg，按我国最大使用量 10mg/kg 加入亚铁氰化钾，即使全部转化为氰化钾，几克盐中的"毒物"量极微，这也是从未见抗结剂惹祸的根本原因。

程老师，我们中国人吃饭讲究色香味俱全，今天我就来考您一个关于调味品的谜语：生在水中，就怕水冲，一到水里，无影无踪。

如果是调味品，那就是食用盐。

我发现就没难住过您，太没成就感了。程老师，我的朋友现在一个个都特别关注食品安全，这不遇到一个问题，非要让我请教您。

非常乐意，你说说看。

我有个朋友去超市买盐，回来后特别惊恐地问我，说在超市里买的食盐中有一种化学物质——亚铁氰化钾。我也不知道是什么东西，结果网上一搜，出现了这样一个帖子，惊呆了，其称食盐里的亚铁氰化钾，去掉"亚铁"就是氰化钾，氰化钾是剧毒物质。还说欧美人自己不吃亚铁氰化钾，推荐其他国家吃，这是欧美施行的灭种计划。

程老师，这亚铁氰化钾和氰化钾一样吗，是不是也是一种剧毒物质呢？

又把你吓坏了？这个亚铁氰化钾和氰化钾是两码事。亚铁氰化钾为浅黄色单斜体结晶或粉末，而氰化钾是白色圆球形硬块，粒状或结晶性粉末。它们俩的区别在于亚铁氰化钾里面的氰根和铁元素牢牢结合在一起，于是它的急性毒性和氰化钾相比差了几百倍。亚铁氰化钾属于低毒物质；氰化钾则是一种剧毒的物质（图21-1），所以，亚铁氰化钾和氰化钾，它们除了名字相似，其他的就没有什么共同点了，毒性相差更是千里之遥。

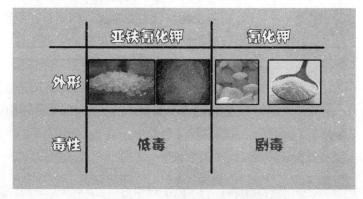

图 21-1　亚铁氰化钾和氰化钾

程老师，既然这个亚铁氰化钾是低毒物质，那为什么还要加到我们吃的食盐中呢？

亚铁氰化钾是一种合法的食品添加剂，是我国食盐中常使用的抗结剂，加到食盐里是为了防止结块，一般食盐如果不添加抗结剂，在10天左右就会结成无法使用的硬块。另外食盐抗结的方法也不止这一种，比如柠檬酸铁铵、碳酸镁、二氧化硅、硅铝酸钠等，都是常用的抗结剂，效果都差不多。

我们都知道食盐的主要成分就是氯化钠，它的作用不仅仅是增加食物的味道，还是人体中不可缺少的物质成分，对保证体内正常的生理、生化活动和功能起着重要作用，所以食盐对人体的重要性，让我们不得不担心亚铁氰化钾的安全性？

这个是不需要担心的，亚铁氰化钾的稳定性很高，加在盐里面，平时炒菜、高温烹调也不会分解。亚铁氰化钾中的氰根和铁的结合力非常强，即使是在亚铁氰化钾的溶液里也很难检测到氰根。但是理论上，亚铁氰化钾在高温下可以分解产生氰化钾，但这个温度至少要400℃，而一般家庭烹饪的温度达不到这么高，我们平时达到200℃就开始有大量油烟，如果真的达到400℃你还能愉快地吃饭吗？

但是，就像俗话说得那样，不怕一万就怕万一。有些人总会抱着这样的心理，万一它真的分解出氰化钾怎么办？

好，我们来算一笔账，氰化钾毒死一个成年人大约需要0.1g以上，而1kg食盐里面的亚铁氰化钾最多才0.01g。就算亚铁氰化钾全都被"神奇"地分解了，你也得吃上十几斤盐才有可能被毒死，谁会吃这么多盐吗（图21-2）？

图21-2　食盐中微量的亚铁氰化钾

程老师，就算亚铁氰化钾一下子毒不死人，但扛不住天天吃啊，您说每天吃一点，日积月累，会不会有慢性毒性呢？

其实，亚铁氰化钾的慢性毒性也很低，根据世界卫生组织和国际粮农组织的数据，亚铁氰化钾的终生安全剂量是每千克体重 0.025mg。也就是说对于 60kg 重的人，每天摄入 1.5mg 完全没问题。而我国国家标准的规定，食盐中亚铁氰化钾的最大添加量为 10mg/kg。如果要吃出毛病，一个 60kg 重的人每天至少要吃 150g 盐。

我国居民膳食指南建议每人每日食盐的摄入量应少于 6g。我觉得如果真的有人每天吃 150g 盐，估计毒不死先齁死了。

而且这个高盐饮食还是心血管疾病的罪魁祸首，总的来说，亚铁氰化钾的安全性是有保障的，所以我们按照我国居民膳食指南的建议吃盐，根本不用担心。另外我要提醒大家的是，亚铁氰化钾在 400℃ 以上的温度下才可以分解产生氰化钾，年轻人喜欢吃烧烤，烧烤的最高温度可以到 500℃ 左右，所以食物烧烤好之前，不要放盐进去，最好是等食物烤熟之后，吃之前放盐。

好了，非常感谢程老师，给我们做了很专业的总结，以及今天非常详细的讲解。

酱油家族里的那点事

酱油是中国传统的调味品。用豆、麦、麸皮酿造的液体调味品。色泽红褐色，有独特酱香，滋味鲜美，有助于促进食欲。酱油是由酱演变而来，早在三千多年前，中国周朝就有制做酱的记载了。而中国古代汉族劳动人民发明酱油之酿造纯粹是偶然地发现。中国古代皇帝御用的调味品，最早的酱油是由鲜肉腌制而成，与现今的鱼露制造过程相近，因为风味绝佳渐渐流传到民间，后来发现大豆制成风味相似且便宜，才广为流传食用。而早期随着佛教僧侣之传播，遍及世界各地，如日本、韩国、东南亚一带。中国酱油之制造，早期是一种家事艺术与秘密，其酿造多由某个师傅把持，其技术往往是由子孙代代相传或由一派的师傅传授下去，形成某一方式之酿造法。

酱油俗称豉油，主要由大豆、小麦、食盐经过制油、发酵等程序酿制而成的。酱油的成分比较复杂，除食盐的成分外，还有多种氨基酸、糖类、有机酸、色素及香料等成分。以咸味为主，亦有鲜味、香味等。它能增加和改善菜肴的味道，还能增添或改变菜肴的色泽。中国汉族劳动人民在数千年前就已经掌握酿制工艺了。我们常见的酱油一般有老抽和生抽两种：生抽较咸，用于提鲜；老抽较淡，用于提色。酱油家族里的那点儿事，让我们看看程老师有何专业见解。

程老师，在开始今天的话题之前呢，我想先给您出个脑筋急转弯，考考您。

行啊，你说。

什么油不能点燃？

嗯……应该是酱油。

好吧，您答对了。程老师，说起这个酱油我们大家肯定都不陌生，这可是实实在在家中必备。

对对，烹饪中的调味调色都是它的功劳。

但是，我最近发现，市面上的酱油种类是越来越多了，除了我们熟悉的生抽、老抽外，还有什么海鲜酱油、增鲜酱油、菌菇酱油，竟然还有儿童酱油，这简直就是一个酱油家族，而且这些酱油的价格又比较贵。程老师，这些酱油真的那么好吗？比如儿童酱油，真的就是儿童专用吗？

我告诉你这些酱油都有一个共性，那就是它们不是你想的那样。其实大部分海鲜酱油里根本没有海鲜，即使有，也只是含有一些干贝成分，酱油中真正起作用的是琥珀酸二钠等食品添加剂。再比如菌菇酱油，它的主要成分其实还是普通酱油中的谷氨酸钠等，只不过加入了少量菌菇提取物。

啊，原来是这样，那儿童酱油呢？

儿童酱油其实是一些商家为了吸引顾客，而发出的广告噱头，贴上"儿童"标签的酱油价格就是普通酱油的2.5倍。很多消费者认为儿童酱油是低钠，实际上超市儿童酱油产品的钠含量并不低。比如有一款儿童酱油，8ml 中就有 544g 钠。

那这么说，其实这些酱油的本质是没什么变化的，只是添加了一些鲜味物质而已。

所以，我们大家在选择购买酱油时，不要被这些优雅的名称所蒙蔽，买"原味"的就行。

其实，我们很多人在购买酱油的时候，不会挑选，包括我在内，就是简单地看品牌和价格，那程老师，我们在挑选酱油的时候，应该注意些什么呢？怎样就能够挑到一瓶好的酱油？

要想购买到一瓶好酱油，一定要看清三个地方。

哪三个地方，您快给我们说说？

第一个就是看"氨基酸态氮"的指标。

"氨基酸态氮"？这个指标我们是从哪里看？

瓶身的配料表中就有这样一个指标，一般来说，这个指标越高，说明酱油的品质越高，味道更好。根据这个指标，我们可以把酱油分为不同的等级（图 22-1）。

指标　　　　　项目	氨基酸态氮 g/100ml
三级酱油	≥ 0.4g/100ml
二级酱油	≥ 0.55g/100ml
一级酱油	≥ 0.7g/100ml
特级酱油	达到 0.8g/100ml

图 22-1　酱油的等级分类

原来我们经常在酱油的瓶身看到"特级"的字样指的是"氨基酸态氮"。那第二个我们应该看什么呢？

按照国家的标准规定，所有酱油在包装上都会注明是酿造酱油还是配制酱油。

这两种酱油有什么区别呢？

这两者区别大了。酿造酱油是以大豆加工副产品为原料，经过发酵而制成的，这个是有国家标准（GB 18186—2000）的严格规定的；而配制酱油的质量就远远落后了。主要有两种方式：第一种是用"水解蛋白液"调制成。

什么是"水解蛋白液"？

"水解蛋白液"其实就是一种"氨基酸液"，这种加工技术做不好，水解蛋白过程中还会产生对身体有害的物质。另一种比较简单，就是在混入一些酿造酱油原汁的基础上调制而来。

那这样的话，我毫不犹豫地会选择购买酿造酱油。

选择好的酱油，第三个要看它是佐餐酱油还是烹饪酱油？

这个我还真没怎么关注，您给我们介绍一下吧。

按照国家的这个标准（GB 18186—2000），成品酱油的标签上，必须标注是"佐餐酱油"还是"烹饪酱油"。

我知道佐餐是辅助食物的意思，您是说这种酱油能生吃？

对！佐餐酱油是可以直接生吃，比如蘸着吃、凉拌吃，所以，佐餐酱油的卫生质量要求是非常高的，即使生吃，也不会对我们的身体造成什么影响！烹饪酱油就是我们日常炒菜时候用的酱油了。这种酱油的卫生要求会低一些。

这样看来，佐餐酱油要更好一些。那佐餐酱油是否可以用于烹饪呢？

佐餐酱油可以用于烹饪，但烹饪酱油可生吃不得。

今天我们又跟程老师学到了如此多关于酱油的知识，那程老师，关于酱油的选择和食用，您可不可以再给我们提供一些建议呢！

其实吃，也是一种学问。关于酱油，我想给朋友们提供三点建议：

第一，酱油虽然好，但患有高血压、肾病、妊娠水肿、肝硬化腹水、心功能衰竭的病人平时应少量食用，防止病情加重（图22-2）。

酱油虽然好，但患有高血压、肾病、妊娠水肿、肝硬化腹水、心功能衰竭的病人平时应少量食用，防止病情加重。

图 22-2　不宜多吃酱油的患病人群

　　第二，颜色太深的酱油不要买，有人认为酱油颜色越深质量越好。正常的酱油颜色会稍深，如果酱油颜色太深了，那表明这种酱油添加了焦糖色，这类酱油仅适合烹饪。

　　第三，我们要特别注意酱油的储存，为了能够防止酱油发霉，可以尝试在酱油中滴几滴食用油、放几瓣去皮大蒜，甚至滴几滴白酒，都能起到好的防霉作用。

您记住了吗？如何选择好的酱油，让我们的美食更加美味，身体更加健康。好了，非常感谢程老师！

选鸡精还是选味精

　　很多消费者都认为，味精是化学合成物质，不仅没什么营养，常吃还会对身体有害。鸡精则不同，是以鸡肉为主要原料做成的，不仅有营养，而且安全。于是，我们常常能看到，有些人炒菜时对味精惟恐避之而不及，但对鸡精却觉得放多少、什么时候放都可以。其实，鸡精与味精并没有太大的区别。虽然大部分鸡精的包装上都写着"用上等肥鸡制成"、"真正上等鸡肉制成"，但它并不像我们想像得那样，主要是由鸡肉、鸡骨或其浓缩抽提物做成的天然调味品。它的主要成分其实就是味精（谷氨酸钠）和盐，其中，味精占到总成分的40%左右，另外还有糖、鸡肉或鸡骨粉、香辛料、肌苷酸、鸟苷酸、鸡味香精、淀粉等物质复合而成。想必大家对鸡精和味精的疑虑都不少，那么我们就一起来聊一聊鸡精和味精的区别，帮助大家解除疑虑。

程老师，今天我又要请教您一个问题了。

好啊，您说。

如今呢，在生活中流传着这样一些说法，说味精吃多了不好，味精是化学合成物质，不仅没什么营养，常吃还会对身体有害；鸡精则不同，是以鸡肉为主要原料做成的，不仅有营养，而且安全。程老师，您对于这个观点怎么看，真就是这样的吗？味精和鸡精究竟有什么区别呢？

嗯，好的！首先呢大家先来认识一下味精。味精呢，是谷氨酸的一种钠盐，为有鲜味的物质，学名叫谷氨酸钠，亦称味素。此外还含有少量食盐、水分、脂肪、糖、铁、磷等物质。它是以小麦、大豆等含蛋白质较多的原料经水解或以淀粉为原料，经发酵法加工而成的一种粉末状或结晶状的调味品。谷氨酸钠，是氨基酸的一种，它是国内外广泛使用的增鲜调味品之一。它的主要作用就是增加食品的鲜味。味精在一般烹调加工条件下较稳定，但长时间处于高温下，易变为焦谷氨酸钠，不显鲜味且有轻微毒性。

那鸡精是什么呢？我们经常见到鸡精的包装上都形象地画着一只大肥鸡，真是鸡肉做的吗？

我们去超市买鸡精的时候，大家经常会看到大部分鸡精的包装上都形象地画着一只肥鸡，或者写着"用上等肥鸡制成""真正上等鸡肉制成"。其实呢，它并不像我们想象得那样，鸡精呢，它是以味精、食用盐为主要原料，添加鸡肉／鸡骨的粉末或其浓缩抽提物，呈味核苷酸二钠及其他辅料为原料，添加或不添加香辛料和（或）食用香料等增香剂经混合、干燥加工而成，具有鸡的鲜味和香味的复合调味料。按照制造鸡精的行业标准，鸡精中味精的含量占总成分的 40% 左右。

啊！原来鸡精中还有这么多的味精成分。那程老师，照这样说，鸡精真如人们说得那样，比味精更有营养么？

这可不一定。第一，味精对人体没有直接的营养价值，但它能增加食品的鲜味，引起人们的食欲，有助于提高人体对食物的消化率，对人体有一定的作用。

第二，味精中的主要成分谷氨酸钠对慢性肝炎、肝性脑病、神经衰弱、癫痫病、胃酸缺乏等疾病病人是有益的（图 23-1）。

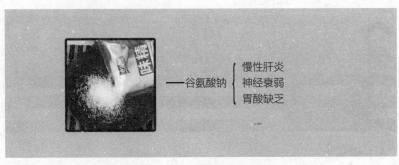

图 23-1　谷氨酸钠对疾病病人有益

第三，鸡精味道之所以很鲜，主要还是其中味精的作用。至于鸡精中逼真的鸡肉味道，主要来自于鸡肉、鸡骨粉，它们是从新鲜的鸡肉和鸡骨中提炼出来的；鸡精欠缺钙、铁、胡萝卜素、硫胺素、核黄素、尼克酸以及各种维生素和膳食纤维，不要理解成"鸡精"是鸡肉的精华。

第四，鸡精吃多了不见得好，只是它比味精成分稍微复杂点，所含的营养也稍微全面一点，但和味精一样，鸡精在食物中只是作为增鲜和调味目的，用量只占食物的千分之几，因此比较两者的营养价值意义不大。

程老师您这样说我就明白了。程老师，您前边说了，比较味精和鸡精的营养价值意义不大，那么我们烹饪的时候到底选味精还是选鸡精呢？

在实际生活中，作为增鲜和调味，选择味精还是选择鸡精，这主要看烹饪对象和每个人的口味要求。如果您的烹饪对象，食物特征、风味比较突出，如肉、鱼等可以选择单一味精，只起到增鲜效果，特别是瘦肉的食品，肌苷酸含量比一般食品高，只需加一点单一鲜味的味精就可达到增鲜效果，这时如果加复合调味料可能有损食物本身的特殊风味。

恩，这下我就明白了，在这我跟电视机前的您再强调一下，咱们选择味精还是选择鸡精，这主要还是看您的烹饪对象和您的个人口味要求。
哎，程老师，咱们说了这么多，我还是疑惑味精它到底安全吗？咱们国家有什么明确规定么？

关于味精是否安全的问题，发达国家及国际组织其实早有定论：早在 1987 年，联合国粮农组织和世界卫生组织的食品添加剂联合专家组（JECFA）、欧盟委员会食品科学委员会（EFSA）都进行过评估和审查，均认为味精没有安全性方面的担心，因此在食品中的使用"没有限制"。而且在咱们国家卫生计生委《食品添加剂使用卫生标准》（GB 2760—2014）中，《可在各类食品中按生产需要适量使用的添加剂名单》中，谷氨酸钠作为"增味剂"列入表中，序号21，没有添加量的限制。我国目前也就没有味精的每日参考摄入量标准，所以说，味精是一种天然、安全、健康的增鲜调味品。同样，鸡精也一样。

咱们现代味精生产，主要以玉米等谷物为原料，经生物发酵后提取、精制而成。别看味精亮晶晶的，好像一种人工化学合成品，其实，它和酱油、醋一样，都是一种酿造产品，所以，大家尽可放心食用。

说到这里我也就放心了。

等一下，我在这呢还是要给大家强调，尽管味精已经被证明是安全的，但是安全要以正确使用为前提。"在吃这件大事儿上，适度适量才是靠谱的原则，否则还会让你难受的哦"。

呵呵，还是咱们一直强调的，量的问题，那程老师，什么才是正确的使用原则，我们大家需要注意哪些问题？

第一，要注意的是如果你在100℃以上的高温中使用味精或者鸡精，鲜味剂谷氨酸钠就会转变为对人体有健康风险的焦谷氨酸钠，如果食用不易排出体外。由于炒菜时油温一般在 150～200℃，有时甚至更高，这就会使味精变成有毒的焦谷氨酸钠，所以在炒菜时投放味精的适宜温度是 70～80℃，也就是菜出锅时，此时鲜味最浓。

第二，建议不要在酸性食物中添加味精，如糖醋鱼、糖醋里脊等。味精呈碱性，在酸性食物中添加会引起化学反应，使菜肴走味。

第三，在含有碱性的原料中不宜使用味精，味精遇碱会合成谷氨酸二钠，会产生氨水臭味，使鲜味降低，甚至失去其鲜味。

第四，注意咸淡程度。如果太咸，味精就可能吃不出鲜味，作凉拌菜时宜先溶解后再加入。因为味精的溶解温度为 85℃，低于此温度，味精难以分解。而鸡精中含有 10% 左右的盐，所以食物在加鸡精前加盐要适量。

第五，高汤、鸡肉、鸡蛋、水产品的菜肴中不用再放味精。

第六，鸡精含核苷酸，它的代谢产物就是尿酸，所以患痛风者应适量减少对其的摄入。每人每天食用量不应超过 6 克。

啊！这么多注意的问题，那程老师，我们是每个人都能吃味精、鸡精吗？

 不是的。

老人、孕妇及婴幼儿不宜多吃味精、鸡精，高血压病病人不但要限制食盐的摄入量，而且还要严格控制味精、鸡精的摄入。虽然国家没有规定摄入量的标准，但是我建议，每人每天食用量不应超过 6 克。

好的，您记住了吗？其实味精并没有像我们生活中传言的那么可怕，鸡精也没有像传言的比味精营养价值更高，而且，我们选择味精还是选择鸡精，主要看您的烹饪对象和个人口味。只要您使用恰当，不管是味精还是鸡精，完全可以放心地食用。

3-23 选鸡精还是选味精

如何区分六大茶系？

    很多人都有喝茶的习惯，茶是中老年人的最佳饮品，茶叶含有丰富的维生素、蛋白质、脂肪，经常饮用可以调节生理功能，具有很好的保健作用。饮茶有很多禁忌，你了解多少呢？而且喝茶是一件再普通不过的事，生活中也有不少习惯每日喝茶的人。正是因为习惯了喝茶，却没有注意喝茶的正确方法，不但品尝不到喝茶的美好，起不到养生的作用，反而会对身体造成伤害。此外，茶叶的种类有哪些？红茶、绿茶、龙井茶、乌龙茶等，爱喝茶的朋友，相信都很熟悉，但是，对于茶系您又了解多少呢？今天我们就和大家一起探讨一下正确的喝茶方法和茶叶的种类、文化等，大家要多多注意、多多学习哦。

程老师，虽然早早地上班了，但是其实整个正月里大家还是可以相对放松地工作，还是经常有一些聚会的，为了新的一年新的工作和生活的开始，大家互相鼓励。

是的，因为正月里大家开始上班的时间不同，而且公司单位没有那么紧张，大家整个心里还是相对放松的，会小聚一下，谈谈新的一年的计划和打算。因为现在咱们整个社会的工作生活节奏太快，平常真正聚在一起的时间很少。大家会暂时放下心里的工作，该吃吃，该喝喝，该玩玩，该聚聚。王君你是不是又遇到什么问题了。

还是程老师了解我，就是我跟朋友在一起聚会的时候，聊到她们现在已经开始非常注重饮食习惯了，都尽量避免大鱼大肉，但在正月里还是难免会有各种聚餐啊等，摄入过多的油脂。很多人会选择喝茶，说是能够清肠胃。程老师，所以我就想跟您聊聊这个茶。

嗯，我个人也是比较喜欢喝茶的。喝茶确实对我们人体有一定的好处。而且，咱们中国是茶的故乡，中国人饮茶，据说可以追溯到神农时代，少说也有 4700 多年的历史了。开门七件事：柴米油盐酱醋茶，其中也有茶，足以看出饮茶在中国古代也是非常普遍的。

是的，而且我感觉我们国家的茶和酒一样，也有非常深厚久远的文化，我们在很多描述古代故事的电视剧里都能看到茶，而且即使至今，我们在大街上也能看到很多茶舍。

是的。中国的茶文化与欧美等国外的茶文化区别还是很大的。中国的茶文化不但包含物质文化层面，还包含深厚的精神文明。在古代，茶的文化已经渗透到了宫廷和社会各个地方，像中国的诗词、绘画、书法、宗教、医学等，都有很多关于茶的描述和介绍。

对，有很多古代的诗词歌赋里都提到了茶。而且在医学方面，也提到了喝茶的功效。

中国人喝茶，注重一个"品"字。品茶不仅是鉴别茶的优劣，也带有神思遐想和领略饮茶情趣的意思。一些人，会在百忙之中泡上一壶浓茶，选一个安静的地方，一边饮茶一边思考，可以消除疲劳，让人的心平静下来。

说到品茶，我们知道茶的种类也是繁多的，有红茶、绿茶、白茶等。那这些茶之间到底有什么区别呢？仅仅就是颜色不一样，口感不一样吗？那这些不同的茶之间有什么不同呢？

中国有六大茶类：有红茶、绿茶、白茶、黄茶、青茶和黑茶（图24-1）。很多人会说：红茶是红色的，绿茶是绿色的，这就是它们的区别呀！其实不然，它们划分标准和本质的区别在于，制作工艺和茶叶中茶多酚的氧化程度不同。

图 24-1　中国六大茶类

　　接下来，我们就按茶叶发酵程度由高到底的顺序，一起来看一下这些茶之间的区别。第一个，就是后发酵的黑茶。

后发酵是什么意思？

黑茶的外观呈黑色，黑茶和其他茶类不同的是，黑茶的发酵不是利用茶叶本身的酶，而是来自微生物产生的酶。黑茶是抑制茶叶自身酶活动而促进微生物活动的，所以叫后发酵。黑茶的主要作用是有助消化和顺畅胃。

那哪些茶是黑茶呢？

目前，按地域分布，主要有湖南黑茶（茯茶）、四川黑茶（边茶）、藏茶、云南黑茶（普洱茶）、广西六堡茶、湖北老黑茶及陕西黑茶。

原来普洱是黑茶。下一个是什么？

然后是全发酵的红茶。红茶是以茶树新芽叶为原料，通过萎凋、揉捻、发酵、干燥等工艺促成茶叶中的茶多酚全氧化，也就是全发酵，并产生茶黄素、茶红素。

哦，红茶之所以是红色，是因为它进行了全发酵，产生了茶黄素、茶红素导致的。

是的。再然后就是半发酵的青茶。

半发酵？是什么意思？

我们常说的乌龙茶就是青茶。人们比较熟悉的铁观音和大红袍就是青茶的代表茶品。它是半发酵，具有红茶和绿茶的特点，香气浓郁，而且它的制作工艺很复杂，冲泡的流程也很讲究。王君，给你个机会，你猜猜下一个是什么？

绿茶？

不是。下一个是轻发酵的黄茶。

黄茶其实我真没怎么听说过。您说黄茶是轻发酵？

你会烧菜吧？

当然会了。

会烧菜的人都知道青菜闷在锅里会变黄，同样的道理，黄茶在杀青后，通过湿热和干热两种方式将茶菁"闷黄"。这就是轻发酵。黄茶冲泡后的特点是黄汤黄叶。

程老师，那哪些茶是黄茶？

听过君山银针没有，它就是黄茶中的珍品，用玻璃杯冲泡，可以看到茶叶就像群笋破土，非常有趣。

程老师，那我猜您下一个说的不是白茶就是绿茶。

哈哈，那你猜对了。下一个就是微发酵的白茶。

我听过浙江安吉白茶。

是的是的，安吉白茶是比较有名的白茶。白茶的制作工艺是最自然的，鲜叶采摘后只需自然摊晾和文火烘干，让茶叶中的茶多酚自然氧化即可，也就是微发酵。冲泡好的白茶如银似雪。白茶可下火清热，治风火牙疼、高热麻疹等。

白茶可以治牙疼，这个我得记住。那毫无疑问，最后一个就是绿茶了。白茶是微发酵，那绿茶该怎么发酵？

哈哈，绿茶不发酵。

不发酵？

对。绿茶的工艺特点在于鲜叶采摘后迅速以高温杀灭鲜叶中的酶类物质，抑制茶多酚氧化，不让其发酵。所以成品绿茶有"三绿"的特点：干茶绿，茶汤绿、叶底绿。

好，我记得鲁迅曾经说过：有好茶喝，会喝好茶是一种福气。非常感谢程老师给我们做了关于我国茶文化的讲解，那喝茶也要讲究科学正确的方式才行。

正确饮茶需注意

　　你知道暴饮茶的危害吗？你知道喝茶也会醉吗？茶碱是一种中枢神经的兴奋剂，过浓和过量都容易"茶醉"，即血液循环加速、呼吸急促、引起一系列不良反应。造成人体内电解质平衡紊乱，进而使人体内酶的活性不正常，导致代谢紊乱。喝酒会醉，饮茶也同样会醉。得了茶醉实在不比酒醉轻松，茶醉多在空腹之时，饮了过量的浓茶而引起的。茶醉之时，眩晕、耳鸣、浑身无力，虽觉胃中虚困，却又像有什么东西装在里面，在胃和喉中翻腾，想吐又吐不出来，严重的还会口角流沫，状甚不雅。所以说，喝茶也要适量才行。那茶醉之后我们又该怎么办呢？下面我们就继续和程老师一起聊聊喝茶那些事儿。

程老师，上期咱们聊了聊咱们中国的饮茶文化，以及中国的六大茶。每种茶的制作工艺不同，我想也是有不同功效的，就像现在正是正月里，吃似乎是每一个人每天最大的工作。尤其是很多人会大吃大喝，可能会通过饮茶来进行调节，那我们应该如何正确地喝茶呢？

是的，茶对人体还是有诸多好处的，对一些疾病的预防也是有一定的功效，但是喝茶也是要讲究正确科学的喝茶方法的。

程老师，第一个要请教您的就是饭前喝茶好不好。有些人说饭前或者空腹喝茶好，因为茶进入体内能在胃里形成一层保护膜（图 25-1），从而使进入我们身体的油脂啊什么的黏不到我们胃壁上，便于我们对食物的消化，还能够减肥。

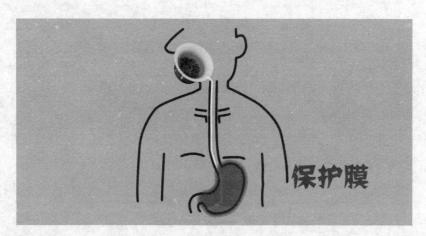

图 25-1　茶在胃里形成保护膜

这种说法很有科学想象，但是缺乏科学依据。我们知道，饭前喝茶会冲淡唾液，还会暂时使消化器官吸收蛋白质的功能下降。空腹喝茶对肠胃有直接的刺激，会使消化液被冲淡、稀释，影响消化，并且很多人爱喝浓茶，这也是不好的，这样很容易导致茶醉的现象。

哦，茶醉？是喝醉的意思吗？程老师，您给我们讲讲什么是茶醉？

关于茶醉，我给大家解释一下。茶醉，是指饮茶过浓或过量所引起的心悸、全身发抖、头晕、四肢无力、胃不舒服、想吐及饥饿现象。尤其是空腹饮浓茶或平时少饮茶的人忽然喝了浓茶、或身体比较削弱的人喝浓茶，都很容易茶醉。喝酒会醉，饮茶也同样会醉，而且茶醉不比酒醉轻松，茶醉的时候，虽觉胃中虚困，但又像有什么东西装在里面，在胃和喉咙中翻腾，想吐吐不出来，严重的会头昏耳鸣，浑身无力。

竟然这么严重！那遇到这样的情况应该如何解决呢？

解决的方法也比较简单，一般来讲，只要喝一碗糖水就可以了。

嗯，又学到了一招。那我们现在知道空腹饮茶不好，特别是饮浓茶还可能会导致茶醉。那饭后饮茶可不可以呢？程老师，刚才说了饭前不宜喝茶，那饭后喝总行了吧？

这个也是要注意的！饭后不宜马上饮茶。饭后立即饮茶，也会稀释胃液，从而影响食物消化，同时茶中的单宁酸能和食物中的某些物质相互作用，给胃增加负担，并影响蛋白质的吸收。所以最好还是在饭后一小时后喝茶，才可以促进消化，消除油腻。

是这样啊，对了，刚才我们在说茶醉的时候说到了这个浓茶，很多人是喜欢喝浓茶的，说是茶越浓越香，对人比较好。

这个观点不一定是正确的，古人云"淡茶温饮最养人"。不宜喝太浓的茶。浓茶含有较多咖啡因，茶碱也比较多，刺激性强，特别是妇女在孕期更不宜喝浓茶。另外也不宜喝太烫的茶。

太烫的茶也不宜喝？

太烫的茶水对人的咽喉、食管和胃刺激较强。据研究显示，经常喝温度超过62℃茶的人，胃壁较容易受损，易出现胃病的病症。所以茶泡好后，稍等片刻，待茶水温度冷却至60℃以下再慢慢享用。

好的，原来喝茶还有这么多需要注意的地方，以后我们一定要科学健康地饮茶。在这里我就想到一句话，万物都是相生相克的，我就想问问程老师，这个喝茶有需要注意不能吃什么吗？

这个自然也是有的，尤其逢年过节，大家吃的东西多而且杂，所以一定要注意！首先这个茶与酒切记一定要分开食用。

这个茶不是能解酒吗？为什么要分开呢？

这是个误区，不少人在酒后都喜欢喝浓茶，认为茶水能够达到消食、润燥、解酒的功效，但实际上在酒后喝茶对肾脏是不利的。

原来一直误以为喝茶能解酒呢。

是的，茶水中所含的茶碱本身有着利尿的作用，但在酒后酒精转化的乙醇还未完全分解时，此时饮茶，人体会因为茶碱的利尿作用将乙醇引入肾脏！乙醇对于肾脏有着极大的刺激性，这一过程对肾脏功能将造成损害（图25-2）。

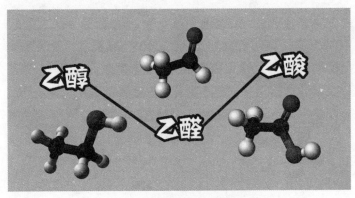

图 25-2　乙醇、乙醛和乙酸

这个大家一定要记住了！对了，我们通常吃海鲜吃得多了之后都会有点腻，所以就喜欢在吃海鲜的同时来上那么一壶茶。这个总没错吧？

呵呵，王君这你就又错了。鱼、虾、蟹等海鲜含有丰富的蛋白质等营养素。而茶叶中含有较多的鞣酸，如果吃完海鲜后马上喝茶，不但影响人体对蛋白质的吸收，海鲜中的钙还会与茶中的鞣酸相结合，形成难溶的钙，会对胃肠道产生刺激。

好吧，今天真是学会了很多东西。所以这茶如果喝对的话，对人的身体各方面功能都有很大的帮助，如果喝不对的话就会有害健康。所以大家在平常聚餐的同时也要注意饮食的合理搭配。非常感谢程老师给我们如此详细的讲解。

长期喝豆浆会
得乳腺癌？

　　豆浆是我们生活中必不可少的食品，豆浆能改善骨骼代谢，预防骨质疏松，减少动脉硬化的危险。然而专家指出，豆浆并不是十全十美的，它含有某些抗营养因素，不仅不利于人体对养分的消化吸收，反而有害健康。比如说豆类中含有抑制剂、皂角素和外源凝集素，这些都是对人体不好的物质。而且豆浆能不能长时间地喝，久服的利弊是什么？特别是豆浆中含有一种天然的女性荷尔蒙——异黄酮，对女性的乳腺、子宫、卵巢究竟有多么大的影响，会诱发癌症吗？豆浆中含雌激素，男性是不是就不可以喝了呢？这一系列的疑惑，对于没有医疗知识的老百姓来说，确实有点不知所措，既想摄取它较高的营养，又怕给机体带来危害。喝还是不喝？要喝多少？喝多久为益？下面我们一起来聊一聊这些问题。

程老师，咱们在以前的节目中讨论过豆制品，今天我还有个豆制品的问题想要请教您。

怎么了？

您看啊，现在生活节奏比较快，对于很多上班族来说，早上起来没时间做早餐，会选择到街上买杯豆浆喝。

嗯，豆浆很好啊，很有营养，我也会选择喝豆浆。

您不知道吗，最近有个有关豆浆的消息又被朋友圈刷屏了。说是女性如果长期喝豆浆的话会得乳腺癌，您说吓人不？好像是说豆浆中含有大量的雌激素，没有被吸收的雌激素就会在人体内积聚，造成人体内雌激素偏高，提高乳腺癌的患病几率。

这个消息我也在网上看到过。

对啊，豆浆可是很多人的早餐必备啊！如果真是那样的话，那还了得？程老师，您赶快给我们说说，这豆浆到底还能不能喝？如果豆浆是这样的话，其他豆制品是不是也会这样？

其实没那么夸张。豆制品在大家的生活中非常常见，比如非发酵的豆制品有我们所说的豆浆、豆腐、腐竹等；也有发酵的豆制品，其中包含酱油、腐乳、豆豉等（图26-1）。我们知道豆制品当中的营养成分还是很丰富的，不仅是优质蛋白质，其中赖氨酸含量也丰富啊；除此之外，还有许多对人体有益的不饱和脂肪酸、维生素、矿物质和生物活性物质。所以我们还是要学会科学认知，不能盲目跟风。

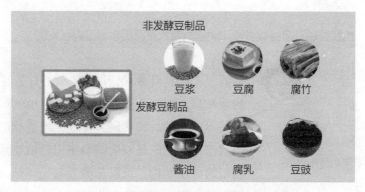

图 26-1　发酵类豆制品和非发酵类豆制品

可是网上说的也头头是道，那这个豆浆里到底是否存在大量雌激素呢？

我们首先要分清楚植物激素和动物激素。豆浆中的植物雌激素跟动物雌激素完全是两回事，植物雌激素是一类天然存在于植物中的非甾体类化合物，因为生物活性类似于雌激素而得名，大豆中的大豆异黄酮就属于其中之一。植物雌激素在食物中的分布还是很广泛的，像是扁豆和谷物中的木酚素、黄豆芽中的香豆素，都含有植物雌激素（图26-2）。天然大豆食物所含的大豆异黄酮含量并不高，其作用仅为女性体内雌激素的 $1/1000 \sim 1/100$，不足以改变体内雌激素总体水平，所以对女性不会有明显的影响。

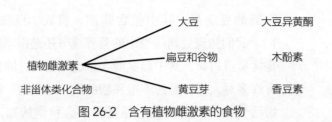

图 26-2 含有植物雌激素的食物

也就是说，植物雌激素和动物雌激素是两回事，是有区别的。

是的。一提到雌激素，许多人就心怀顾虑，因为过高水平的雌激素有引起乳腺癌的危险。但植物雌激素和人的雌激素是不一样的。其实研究发现，植物雌激素对女性体内雌激素水平起到的是双向调节作用。植物激素具有与雌激素相似的分子结构，可以和雌激素受体结合，产生与雌激素类似的作用，但是这个作用比人体内的雌激素要小。当人体内雌激素不足的时候，它的结合可以起到补充雌激素的作用；而当体内雌激素水平过高时，它的结合又因为阻止了雌激素的结合，而起到抑制的作用，相当于降低了雌激素的水平。因此，植物激素又被称为女性雌激素水平的调节器。

原来是这样。程老师，您刚刚提到了异黄酮，能不能再具体给我们说说呢?

异黄酮是黄酮类化合物中的一种，主要存在于豆科植物中。大豆异黄酮是大豆生长中形成的一类次级代谢产物。由于是从植物中提取，与雌激素有相似结构，所以被称为"植物雌激素"，但活性仅为雌激素的 20%。大豆异黄酮的雌激素作用影响到激素分泌、代谢生物学活性、蛋白质合成、生长因子活性，是天然的癌症化学预防剂。异黄酮还是一种有效的抗氧化剂，能阻止氧自由基的生成，而氧自由基是一种强致癌因素。

那看来这个异黄酮对我们人体来讲是个好东西啊！

是的。大量的研究都证实，适量吃豆制品不仅可以预防乳腺癌，还可以降血脂、预防老年痴呆等。但对食用量的把握也是很重要的，每人每天应食用大豆 30～50g，也就是 200g 豆腐，80g 豆腐干，800ml 豆浆，700g 的豆腐脑，对肾病病人和痛风病人是需要控制食用量的。

吃豆制品不会导致乳腺癌反而对乳腺癌是有预防作用的是吗？

对，流行病学研究显示，亚洲人因摄入大量的大豆及大豆制品，乳腺癌和前列腺癌的发病率和死亡率均低于西方人。我看了一个上海的研究乳腺癌现状的调查文献，它研究了上海市 5042 名 20～75 岁女性乳腺癌病人，发现吃豆制品可显著降低乳腺癌病人的死亡率。对生活在新加坡的中国女性进行的膳食与乳腺癌病例—对照研究的结果也表明，大豆对乳腺癌的发生有显著预防作用。2008 年，发表在《英国癌症杂志》的一篇文章也表明大豆里的大豆异黄酮不但不会增加乳腺癌的风险，反而会降低乳腺癌的患病率，尤其在大豆类食品消费量较高的亚洲人群中。此外，发表在世界权威医学杂志《癌症》的文章《国际乳房健康和癌症指南》列举了世界各国一些预防乳腺癌的方法，其中预防乳腺癌的饮食方法之一就是要适量吃大豆及其制品。

所以说适量吃一些豆制品对我们女性来说其实是有好处的。

尤其是女性进入更年期后，体内的雌激素水平会明显下降，并引发一系列身体不适症状，临床上称为"妇女更年期综合征"。雌激素的减少会降低钙的吸收和利用率，使骨质密度下降陡然加快，导致骨质疏松，无疑会对女性的健康产生不利的影响（图26-3）。研究发现，在这个阶段适量吃大豆制品也是有一定缓解作用的。

图 26-3　雌激素的减少会导致骨质疏松

非常感谢程老师给我们如此专业的讲解，豆浆是很多人获取丰富营养的一种方式但是也需要我们正确科学地食用。

常喝苏打水，养生又防癌？

近日，一则"浙医二院用小苏打快速'饿死'肝癌细胞"的新闻在社交媒体上广泛传播，报道称：经研究证明，晚期肝癌病人用小苏打水作靶向治疗，可以有效杀死肿瘤细胞，这意味着在原发性肝细胞癌治疗上取得一项重大突破。这一信息被不少自媒体转载、改编，纷纷以"喝苏打水有益健康""苏打水可以抗癌"为噱头营销。

喝苏打水是否真的有益健康？这项研究是否意味着喝苏打水即可防癌抗癌？复旦大学附属肿瘤医院肝外科以及营养科专家均表示：上述研究在报道中明确指出是针对原发性肝细胞癌，且采用的治疗方法的原理主要是通过栓塞阻断肿瘤营养供应，让肝细胞癌失去血供控制其生长，小苏打只是作为一种物质和其他化疗药物一同被注射进入肿瘤，这与直接靠苏打水来饿死细胞完全不同。目前，也尚无任何证据证明健康人饮用苏打水具有保健、平衡机体内酸碱度的作用。

喝苏打水在治疗胃酸多等方面较常用，但治疗癌症并无科学根据。面对谣言，我们将用求真的态度揭秘"苏打水"的那些事儿。

程老师，可能是我做这档节目的缘故，我现在一听到跟食品安全或者饮食相关的问题呀我就想刨根问底把它搞清楚。

嗯？那你是又遇到什么问题了？

前几天在我下班路上，我妈突然给我打电话，您猜怎么了？

我猜不到，你说吧，老人家怎么了？

竟然让我捎一箱苏打水回去，我就纳闷了，平常也没听我妈提起过苏打水啊，我就问她为啥要喝苏打水？

为什么呢？

她呀，跟小区里的阿姨在一起聊天，听人家说喝苏打水，可以养生又可以防癌，还怪我没告诉她。我真是冤枉啊，我就说我没听说过，喝苏打水可以养生还可以防癌啊，程老师又没跟我说过！

呵呵，你是怪我咯。

于是我上网一查，苏打水功效可真不少，它可以中和酸性体质、养胃助消化，预防皮肤老化、美容养颜，还有就是预防癌症，怪不得一瓶要卖四五块。

嗯，我在网上也看到过这些类似的说法。但是呀，其中的一些说法是不科学的。

那网上"小苏打快速'饿死'肝癌细胞"的研究，到底是怎么回事啊？

据此前的媒体报道称，研究团队将这种用小苏打杀死癌细胞的方法命名为"靶向肿瘤内乳酸阴离子和氢离子的动脉插管化疗栓塞术"，简称 TILA-TACE，主要原理就是：用栓塞剂将供应肿瘤营养的动脉堵塞，切断葡萄糖的供应，同时打入小苏打，去除瘤内的氢离子，破坏其与乳酸阴离子的协同作用，这样就可快速饿死肿瘤。

正常肝组织的存在，75% 依靠门静脉供血，25% 依靠肝动脉供血，而一旦患上肝细胞癌，就意味着血供发生改变，大部分由肝动脉供血，这时需要进行传统的动脉插管化疗栓塞术。动脉插管化疗栓塞术简称 TACE，这种手术的原理即从外周血管将一根细细的导管插到肿瘤部位，将化疗药物注入肿瘤内，同时将肿瘤的供血血管栓塞，最大限度阻断肿瘤的血供，以达到杀死癌细胞缩小肿瘤的作用。

小苏打'饿死'肝癌细胞，前提是要把肝细胞癌的主要供血血管堵住，然后将小苏打和其他化疗药物一起注入肿瘤内，以往也会采取碘油等不同的化疗药来切断血供。对于小苏打在其中产生的具

体效果，目前因研究样本并不多，后
续仍有待专家评估。

就肝癌病人来说，当前根治性
的办法有手术切除、肝移植，而局
部性治疗也有射频等办法，而其中手
术切除后 5 年生存率达到 40% 左右。

一部分市民爱喝苏打水，首先就是感觉比普通的矿泉水或者纯净水要更
甜。那这苏打水到底是什么，程老师，您快给我们解释一下。

这个苏打水啊，是一种含有碳酸氢钠的弱碱性水，它包括
天然苏打水和人工合成苏打水两种。这个天然苏打水除含
有碳酸氢钠外，还含有钾、镁、锂、钙、锶等矿物质；而
人工合成苏打水主要是以纯净水为基础，再加入碳酸氢钠
和一些添加剂制成。比如白砂糖、果葡糖浆，这就是为什
么苏打水喝起来更甜的原因。另外苏打水因为含有弱碱
性，医学上经常外用可消毒杀菌。

哦，这样啊，我见网上一种说法是这样的，说喝苏打水可以中和酸性体
质，哎？程老师，您是什么体质啊？这酸性体质和碱性体质怎么判断呢？
需不需要去医院检查一下呢？

呵呵，王君，你又被蒙了。

啊？什么情况？

一段时间以来，一些关于酸性体质和碱性体质的说法很时髦，我要说的是，目前尚无任何证据证明正常健康人饮用苏打水具有保健、平衡机体内酸碱度的作用。人体的 pH 是基本保持稳定平衡的，食物等外界因素一般来讲是很难改变的。正常人的血液 pH 在 7.35 ～ 7.45（图 27-1），所谓的酸性体质和碱性体质之说并不存在。有些病人因恶性疾病、手术、放疗、化疗等原因可能会造成体内酸碱度失衡。但是，所谓的酸性体质和碱性体质的说法有些牵强。不管喝苏打水，还是矿泉水、凉开水等，都不会改变人体 pH，更别说改变酸性体质了。

安全提示

喝苏打水不能改变人体体质。

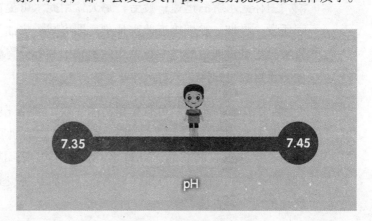

图 27-1　正常人的血液 pH

原来是这样，我还在想我要去医院检查一下身体，看看我属于什么体质？这么说并不是酸性体质就容易导致疾病，而是部分疾病可能会引起人体酸碱度失调。

对，这下不用去喽。

呵呵，肯定不去啦！那程老师，这苏打水到底和普通的矿泉水或者纯净水
有什么区别呢？您再给我们说说。

有的苏打水卖得贵，也是有一定道理的！因为真正的苏打
水还是有很多对人体有益的功效的，比如：

苏打水的碳酸氢钠能中和胃酸、强化肠胃吸收、健胃，适量饮
用还是有益健康的。

口腔疾病、口腔炎、咽喉病，用此水漱口，可减轻症状；酗
酒，三杯此水解酒迅速；疲劳，每天饮用此水可提神解劳，改善睡
眠质量；吸烟，香烟接近此水片刻，即可减少焦油与尼古丁危害；
胃酸分泌过多或胃酸过浓可饮用此水来中和部分胃酸，降低胃酸浓
度防止胃酸腐蚀胃。

早晚用苏打水洗脸可软化粗糙的皮肤，加速死皮脱落，然后再
进入您日常的护理过程，这道程序能够使您的肌肤变得清爽、光
滑，更容易吸收润肤品。苏打水有抗氧化作用，能预防皮肤老化
（如果有条件进行全身的苏打 SPA，您的肌肤将更为细腻、柔滑，
后续护理效果更佳）。

柠檬榨成汁加苏打水制成洗发水，然后按照自己平日里洗头的
次数，用苏打柠檬水来清洗头发，无须加用任何含化学物质的护发
用品。尤其在海边游泳后可去除头发里的沙子、盐和污物，这样能
保证整个护理过程绿色天然不伤发质。

程老师，说了这么多好处，我冒昧地问一句，有没有"但是"呢？

哈哈，你是越来越了解我的思路了。但是这些解酒、提神、改善睡眠、软化皮肤等功能，我还没有看到更大样本量的科学分析的结论。同时过量饮用是不利健康的。因为苏打水毕竟含有钠，如果经常喝、大量喝，则会增加高血压的患病风险；另外，部分人工合成苏打水，额外添加了白砂糖、果葡萄浆（图 27-2），如果长期大量饮用，还会增加肥胖、糖尿病等疾病的发病风险。还有，如果长期过量摄入苏打水一类的碱性水，还会造成维生素缺乏。所以呀，健康人没必要长期、大量喝苏打水。水源干净且烧开的自来水，是最经济和安全的饮用水，天然矿泉水也是不错的选择。选择水饮料时，不能盲目轻信商家宣传的保健作用，要学会辨别饮料的不同，选择适合自己的，或遵医嘱，适量适度饮用，尽量少饮用能量高、含糖量高的饮料。

图 27-2　苏打水添加白砂糖和果葡萄浆

也就是您那句话，吃啥喝啥，都得有度！好了，今天程老师又给我们普及了苏打水的知识，非常感谢。

功能饮料的"神器"

正所谓"春困秋乏",不少人在春天这个季节,感觉很困的时候,都会选择喝功能饮料来提神解乏,那么大家对功能饮料了解多少呢?功能型饮料正在不知不觉走进我们的生活,也被很多追逐时尚,崇尚健康的人群所接受,甚至很多备考的学生家长也在整箱地买给孩子,是不是所有人群饮用功能性饮料都会促进健康呢?功能饮料是指通过调整饮料中营养素的成分和含量比例,在一定程度上调节人体功能的饮料。

据有关资料对功能性饮料的分类,认为广义的功能饮料包括运动饮料、能量饮料和其他有保健作用的饮料。功能饮料是 2000 年来风靡于欧美和日本等发达国家的一种健康饮品。它含有钾、钠、钙、镁等电解质,成分与人体体液相似,饮用后更能迅速被身体吸收,及时补充人体因大量运动出汗所损失的水分和电解质(盐分),使体液达到平衡状态。当饮用功能性饮料成为一种时尚,这一产业也随之欣欣向荣。行业刊物《饮料系列》编辑巴里·纳坦松说,功能性饮料的产业价值已高达 15 亿美元,产品类型超过 150 种。然而营养学家提醒消费者,面对功能性饮料,应三思而后"饮"。其实作为一种特殊饮料,功能饮料无论是在生产工艺上,还是产品成分的组成方面,都与普通饮料有着很大区别。因此,我们不能把它当作普通饮品那样随便饮用,应该认真阅读相关说明,搞清楚自己是不是适合饮用该种饮料。儿童和青少年更应该慎重,切不可盲目追求时髦,随意饮用功能型饮料,以免对身体造成伤害。

程老师，人家都说"春困秋乏"，我怎么觉得这夏天也是整天没精打采的，天天要靠喝功能饮料来提神解乏。可是您知道吗，我昨天刷微博看到竟然有人因为有长期喝功能饮料的习惯猝死了，立马我就慌了，您说这可咋办啊？

还是要尽量少喝为妙。

我后来上网仔细查了查，发现网上关于喝功能饮料猝死的新闻屡见不鲜，程老师，到底为什么会发生这样的惨剧呢？

功能饮料是指通过调整饮料中天然营养素的成分和含量比例，以适应某些特殊人群营养需要的饮品，适合特定人群饮用，具有调节机体功能，不以治疗疾病为目的，包括营养素饮料、运动饮料和其他特殊用途饮料三类。功能饮料主要作用为抗疲劳和补充能量。

市面上最为常见的功能性饮料有能量型饮料和运动型饮料，两者在一定程度上都有缓解疲劳的功效。专家表示，多数能量型饮料，主要成分为牛磺酸及咖啡因，具有缓解疲劳与兴奋神经的功效，而饮料中的糖分也可以缓解由低血糖所引发的疲劳。但这些能量型饮料中含有的刺激及兴奋作用的成分对心脏、肾脏和肝都有一定刺激。一般号称能够提高精神的功能饮料中，都会含有咖啡因这种物质，它对于普通人来说可能只是会造成心跳加速、影响睡眠等影响，而对于本身心脏方面不好的人群来说则是足以致命的因素。

功能饮料为什么能够提神醒脑？它对人体的作用是什么？

功能性饮料能够使人提神醒脑的主要成分是咖啡因。咖啡因又名咖啡碱，属甲基嘌呤类生物碱，是强有力的中枢神经系统和心血管系统兴奋剂。此外在功能性饮料中还含有钾、钠、钙、镁等矿物质以及维生素，葡萄糖，牛磺酸等营养物质，这些成分与人体体液成分相似，因此饮用运动饮料后，可以迅速补充人体所失的营养素，有一定的抗疲劳的作用，但是人体内的各种营养成分都是有一定比例的，都处在平衡状态，过多或过少都不行。

咖啡因真的会致命吗？咖啡以及各种各样的功能饮料还能喝吗？

对健康人来说，目前的研究表明，适度饮用咖啡是安全的。一杯特浓咖啡（espresso）中含有咖啡因的量是100mg左右。而一个50kg重的健康人，一次摄入7.5～10g的咖啡因，才会达到产生危险的剂量，这相当于短时间内饮用了75～100杯特浓咖啡。因此，每天喝3～4杯咖啡是不会影响健康的。所以说正常人适度饮用咖啡是安全的。对于功能性饮料，有两点需要引起大家注意，一是功能性饮料不能代替水，二是不是谁都适合饮用功能性饮料。所以功能性饮料只适用于在身体条件允许的情况下，有特定的营养需求的成年人饮用。消费者在购买功能性饮料前看清楚适合饮用群体的标识来选择产品，不能随便喝：孕妇不能饮用功能性饮料；老年人应选择专门的功能性饮料；心脏病、糖尿病、"三高"病人等更是要注意这些"禁区"。此外，尚未发育完全的青少年及儿童群体，也不适宜饮用功能性饮料。

日常摄入多少量的咖啡因才是合理健康的？

一些研究发现：适量饮用咖啡是有好处的，降低了包括阿尔茨海默病、帕金森病、心脏病、2 型糖尿病、肝硬化和痛风等疾病的发病风险。但同时，研究发现咖啡使胃食管反流及相关疾病的风险增加了，还有可能让孕妇和婴儿产生缺铁性贫血。

所以说任何事情都是过犹不及。在一些研究里，若被摄取的咖啡因在 200～300mg（即一杯三倍浓缩咖啡或 2～3 杯速溶咖啡），就能享受其带来的好处。但摄入量如超过 500mg，人们不仅不能进一步提高工作效率，还会受到一些负面影响，因此适量摄入是关键。不过具体摄入量的好坏也和你平时的摄入量有关，因为和其他药物类似，人体对咖啡因会产生耐受性。此外它也受到遗传基因的影响。若你的父母能毫无压力地喝下三倍浓缩咖啡，你对咖啡因的接受度也应该不低。不过即使你是天生的咖啡因敏感体质，也可以通过不懈的饮用产生一定耐受性。

咖啡因究竟是"敌"是"友"？

咖啡因对人体的好处有：

1. 咖啡因由于有刺激中枢神经和肌肉的作用，所以可以提振精神、增进思考与记忆，恢复肌肉的疲劳。

2. 作用在心血管系统可提高心脏功能，使血管舒张，促进血液循环。

3. 对于肠胃系统它可以帮助消化与促进脂肪的分解。

咖啡因的坏处有：

1. 加剧高血压。咖啡因因为本身具有的止痛作用，常与其他简单的止痛剂合成复方，如果你本身已有高血压时，长期大量服用，只会使你的情况更为严重。因为光是咖啡因就能使血压上升，若再加上情绪紧张，就会产生危险性的相乘效果，所以高血压的危险人群尤其应避免在工作压力大的时候喝含咖啡因的饮料。有些常年有喝咖啡习惯的人，以为他们对咖啡因的效果已经免疫，然而事实并非如此，一项研究显示，喝一杯咖啡后，血压升高的时间可长达 12 小时。

2. 诱发骨质疏松。咖啡因本身具有很好的利尿效果，如果长期且大量喝咖啡，容易造成骨质流失，对骨量的保存会有不利的影响，对于妇女来说，可能会增加骨质疏松的威胁。但前提是，平时摄取食物中本来就缺乏足够的钙，或是不经常动的人，加上更年期后的女性，因缺少雌激素造成的钙质流失，以上这些情况再加上大量的咖啡因，才可能对骨造成威胁。如果能够按照合理的量来享受，你还是可以做到不因噎废食的。

喝咖啡最好在早餐及午餐后，因为这样可以促进肠胃的蠕动，帮助消化，可以分解吃下去的高热量、高脂食物，也不会像空腹喝咖啡那样，对肠胃造成刺激。最好不要在晚餐后喝咖啡，怕会对睡眠造成影响。若是想靠喝咖啡熬通宵，可能会在不知不觉喝过量，对身体不好。

碳酸饮料的是与非

　　碳酸饮料（sodas）的生产始于 18 世纪末至 19 世纪初。最初的发现是从饮用天然涌出的碳酸泉水开始的。就是说，碳酸饮料的前身是天然矿泉水。1772 年英国人普里司特莱（Priestley）发明了制造碳酸饱和水的设备，成为制造碳酸饮料的始祖。1807 年美国推出果汁碳酸水，在碳酸水中添加果汁用以调味，这种产品受到欢迎，以此为开端开始工业化生产。以后随着人工香精的合成、液态二氧化碳的制成、帽形软木塞和皇冠盖的发明、机械化汽水生产线的出现，才使碳酸饮料首先在欧、美国家工业化生产并很快发展到全世界。我国碳酸饮料工业起步较晚，随着帝国主义对我国的经济侵略，汽水设备和生产技术进入我国，在沿海主要城市建立起小型汽水厂。

　　碳酸饮料（汽水）类产品是指在一定条件下充入二氧化碳气的饮料。碳酸饮料，主要成分包括：碳酸水、柠檬酸等酸性物质、白糖、香料，有些含有咖啡因、人工色素等。除糖类能给人体补充能量外，充气的"碳酸饮料"中几乎不含营养素。一般的有：可乐、雪碧、汽水。过量饮用对身体有害。在当今社会，碳酸饮料可谓是大家的最爱啊，尤其是小朋友们更是非常喜欢，但是碳酸饮料究竟对我们人体是有利还是有弊？一起跟着我们程老师来看一下吧！

程老师，最近我看到两则新闻，说有两位男士居然因为喝可口可乐进了医院，一个瘫痪一个直接死亡，太让人震惊了。太可怕了，我是再也不喝可乐了。程老师，您说这是个例还是可乐真的有问题？

第一我要说，王君你要是喜欢喝可乐，你可以继续做你喜欢的事，但是要注意量。第二，如果刚才那个报道属实的话，这肯定是一个特别的例子。第三，我们现在一起和观众讨论一下可乐饮料。可乐只是碳酸饮料中的一种。碳酸饮料，也就是咱们日常生活当中说的汽水，比如像可乐，雪碧这些。可是过多地喝碳酸饮料对我们的身体肯定是有影响的。

上述关于喝可乐瘫痪的人的新闻中有一点很重要，就是他仰头喝可乐。我们可以推测一下，新闻报道中说他喝可乐 20 年，我们知道大量摄入可乐中的磷酸盐，在一定程度上会影响钙的吸收，而钙的吸收减少，他的骨骼，比如颈椎就会有问题，当颈椎的骨质疏松到一定的程度，他仰头喝可乐，其实喝稀饭也一样，出现了压迫神经的症状。所以才会有短暂的瘫痪。其实不光可乐，许多碳酸饮料大都含磷酸盐。

您这么一说倒是提醒我了，前段时间也有个新闻说，一个 27 岁小伙，下牙剩下 7 颗，上牙只剩 3 颗，连正常成年人的一半都不及，门牙和邻近的牙齿都不见了，只剩下牙龈。经过调查才知道，他连续五年，天天都喝各种各样的汽水，每天至少喝一瓶。再加上他的牙齿质地本来就差，容易损伤，生活习惯又不好，喜欢熬夜，刷牙也是应付了事，这才造成了他掉牙的痛苦，喝个饮料都成这样，您说这得多糟心啊。

是的。碳酸饮料的成分除了刚才所说的磷酸盐，还有碳酸水、柠檬酸等酸性物质，还有白糖、香料，有些还含有咖啡因，人工色素等，虽然好喝，但是危害也不小。

其实少量饮用碳酸饮料没有问题，但如果长期大量饮用就容易造成对牙齿的腐蚀。碳酸饮料中的磷酸、碳酸会与牙釉质产生反应，导致牙釉质脱钙，牙齿矿物质被溶解，牙面变薄，表面变脆弱，继而出现牙体缺损，牙龈暴露。一旦遇冷、热、酸、甜等刺激时，牙齿会产生严重的酸痛感。医学上称之为"牙齿酸蚀症"（图29-1）。

图 29-1　牙齿酸蚀症

所以啊，大家要尽量减少饮用碳酸饮料，或者改用吸管饮用，最关键的是把握好度，适度饮用，过犹不及。

嗯，一定要适度或者就不喝碳酸饮料了，出现了几个这么严重的案例，看得我是心里直发慌啊，程老师您赶紧给我们的观众朋友们说说，经常喝碳酸饮料对人体还有哪些影响吧。

第一，碳酸饮料的解渴作用只是一时的。你仔细回忆一下，碳酸饮料似乎是越喝越觉得口渴。这是因为碳酸饮料中含有大量的色素、添加剂等物质。这些成分在体内代谢时需要大量的水分，而且含有咖啡因的饮料有利尿作用，会促进水分排出，所以呢，喝可乐，就会越喝越觉得渴。

第二，经常喝碳酸饮料有肥胖的风险。碳酸饮料一般含有约10%左右的糖分，一小瓶热量就可以达到一两百千卡，所以经常喝，又运动少，容易使人发胖。

第三，经常性饮用碳酸饮料会影响人体消化功能。碳酸饮料喝得太多对肠胃功能是有影响的，这是因为大量的二氧化碳在抑制饮料中细菌的同时，对人体内的有益菌也会产生抑制作用，影响我们的消化系统（图29-2）。特别是年轻人，一下喝太多，释放出的二氧化碳很容易引起腹胀，影响食欲，甚至造成肠胃功能紊乱，引发胃肠疾病。

因为大量的二氧化碳在抑制饮料中细菌的同时，对人体内的有益菌也会产生抑制作用，影响我们的消化系统。

图29-2 过多饮用碳酸饮料会影响肠胃功能

第四，过多饮用碳酸饮料有可能导致骨质疏松。比如可乐等含磷酸盐的饮料，会影响身体对钙的吸收。通常人们都不会在意，但这种磷酸却会日积月累、潜移默化地影响你的骨骼，常喝碳酸饮料骨骼健康就会受到威胁。

大量磷酸的摄入会影响钙的吸收，引起钙、磷比例失调。一旦钙缺失，对于处在生长过程中的青少年身体发育损害非常大。有研究资料显示，经常大量喝碳酸饮料的青少年发生骨折的危险是其他青少年的 3 倍。

第五点我要说的是，电视机前的家长和孩子们一定要注意，从小到大爱喝饮料，尤其是碳酸饮料，并且把它奉为解渴上品的小朋友不计其数，如果长期过量饮用再加上不爱运动，就会发展为小胖墩，那么危险就尾随而来了。

程老师，现在市面上还有一种无糖或者少糖的碳酸饮料，他们又是什么来头啊。

其实早有研究发现，碳酸饮料，无论含糖与否，如果一天之内饮用两瓶或者两瓶以上，罹患慢性肾病的风险就会增大两倍。

同时呢，饮用过量碳酸饮料有导致肾结石的风险。钙是结石的主要成分，在饮用了过多含咖啡因的碳酸饮料后，小便中的钙含量便大幅度增加，使他们更容易产生结石。

如果服用的咖啡因越多，那么风险可能就会更大。人体内镁和柠檬酸盐原本是可以帮助机

安全提示

长期饮用过多的碳酸饮料，会影响人体消化功能，严重的还会有骨质疏松、损伤肾脏的风险。

体预防肾结石的形成的，可是饮用了含咖啡因的饮料后，将这些也排出体外，使得患结石病的风险也就大大提高了。

程老师您看啊，虽然说碳酸饮料没有什么营养，但是，碳酸型饮料还是深受大家的喜爱，尤其是深受"上班族"和许多孩子们的喜爱。为什么能那么风靡全球呢？难道仅仅因为它的口感好吗？我想应该不是。那么程教授，说到这儿我比较好奇啊，喝碳酸饮料真的就一点好处都没有么？

那倒也不是，凡事都是有利有弊的。只要饮用有度，是不会对健康产生影响的。

碳酸饮料的最主要成分是水，适量饮用后可补充身体因运动和进行生命活动所消耗掉的水分和一部分糖、矿物质，对维持体内的水液电解质平衡有一定作用。

再有，碳酸饮料因为含有二氧化碳，所以适量饮用能起到杀菌、抑菌的作用，还能通过蒸发带走体内热量，起到降温作用。因此，在炎热夏季，人们常用来消暑解热。

另外有一个研究说，碳酸饮料是有防痴呆的作用的。因为大脑中的海马区域在血糖上升的刺激下，会变得非常活跃，而老年痴呆病人的海马区域功能衰退，海马体萎缩。恰好碳酸饮料中含糖量比较高，所以它有着防痴呆的功效，至于这个研究的科学性和实践性怎样，还有待进一步观察。

其实，不管是什么，它的存在都会有利有弊，万事都得要有个"度"。一旦超过了这个"度"，再有丰富营养

安全提示

饮用适量碳酸饮料可以补充身体所需营养、消暑解热，有的研究显示还有防痴呆的功效。

的食物也可能变成有害物或多余物，对人体不利；因此，只要适度正确地饮用碳酸饮料，适时补充一定数量的钙，可以减轻体内钙 - 磷比例的失调。

所以说，好坏利弊掌握在自己的手中。喝碳酸饮料要适量。

好的。电视机前的观众朋友们，酷暑难耐，适量饮用碳酸饮料可以帮助您消暑解热，但切记不可过量饮用。关注食品安全就是关注您的健康。节目的最后再次谢谢程老师。

 不客气。

富氧水真的能补氧?

　　富氧水即在纯净水的基础上添加活性氧的一种饮用水。是美国医学科学界为了研究生物细胞的厌氧和好氧性而用的医学研究用水。富氧水被世界饮料界称之为"革命性饮品",一经问世,在美国饮料界引起强烈反应和巨大轰动,"为人类从被污染的水源、缺氧的空气中解脱出来开辟了新的途径",视为"当今饮料工业的一场深刻革命",美国饮料工业界权威"饮料网络"评论员评论认为:"超氧生命水不但能使人恢复体力,而且使人精力充沛,是最纯净的增强精力饮料,是具有革命性的产品。"1998年9月22日《北京经济报》发表的文章说:"有关专家认为,氧气和水被誉为自然界的'生命之源''生命之本',而两者合二为一的超氧生命水的发明是对人类的巨大贡献,将是21世纪誉满全球的优越的饮品,将广泛应用于瓶装水和各种饮品、医药保健、美容、环保等各个领域,对维护大自然生态平衡具有重要作用;超氧生命水具有无比广阔的市场前景"。那么究竟富氧水真如社会上传的那么好吗? 我们今天一起来听听程老师是怎么说的。

程老师，不得不说我们现在生活质量提高了，但是空气质量却下降了，雾霾天气频现。

是的，现在的空气质量不太好，所以出门一般都会戴上口罩保护自己。

对，就是因为这雾霾，很多人都想着有什么办法能防雾霾呢？像我们之前说过的熬白萝卜汤清肺，还有最近热播的广告防雾霾纱窗。

这就是天气有雾霾，各家有妙招。

没错。这不，随着雾霾天气越来越多，人们对新鲜空气的追求也越来越强烈。最近，某企业就推出一款瓶装富氧弱碱性水，自称水中的溶解氧含量为普通水的 6～10 倍，可有效补充人体所需氧气，可以说为人类从被污染的水源和空气中解脱出来开辟了新的途径。这"富氧水"还真是个新名词啊。

王君，你这是又接触新鲜事物了。其实，想避免雾霾、呼吸新鲜空气，靠喝"富氧水"是不能解决问题的。富氧水并不是什么新鲜的概念，国外很早就有了这样的富氧水。在国外，这种水最早是针对运动员而研发的。由于运动员体力消耗大，消耗氧气也多，一些运动科学家和商家就想到了开发一种富含氧气的水，帮助运动员在喝水的同时补充氧气，期望提高比赛水平。不过，很多研究却发现，这些所谓的富氧水并不能帮助运动员提高比赛水平。

嗯。而且我看到这"富氧水"的介绍是这样描述的，说它高浓度的溶解氧可快速透过胃肠道黏膜弥散到组织和血液中，从而提高血氧分压和血氧饱和度，对辅助改善缺氧症状具有显著的效果。这是真的吗？

喝富氧水补充氧气看似很具吸引力，实则存在很多疑问。首先，氧气在水中和血液中的溶解度其实很低。水中的氧气叫做溶解氧，水中的溶解氧是指以分子状态溶解于水中的氧气单质。一般来说，在一个标准大气压下，水中溶解氧的量大约只有 0.68ml/dl（图 30-1）。在实际生产过程中，我们可以通过提高氧气的压力来增加水中的溶氧量，但是，如果压力减小，比如当打开这种瓶装富氧水的瓶盖时，水中的氧气就会释放出来。就像我们喝碳酸饮料时，打开瓶盖会有气体二氧化碳冲出来一样。

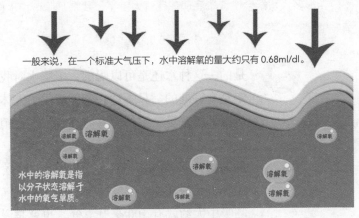

图 30-1　水中的溶解氧

您的意思是就像碳酸饮料一样，只不过这种水充入的是氧气，而我们平时喝的碳酸饮料充入的是二氧化碳。

可以这么理解。其次，水中的氧气也不能很好地被人体吸收。人是哺乳动物，人类的呼吸是通过肺来呼吸的，氧气进入肺泡进行气体交换，进而进入肺部血液，再通过血液循环到达身体各个部位。喝水之后，水就进入人的胃肠道了。虽然，有少许的氧气可能进入血液循环，但是，胃肠道毕竟是胃肠道，它跟肺还是不一样的，通过胃肠道吸收氧气实在是少之又少。我们人类毕竟不是生活在水里的鱼。所以，喝水并不能显著提高人体血液中的氧气浓度。

不过，很多人可能会说，毕竟现在空气太差了，我喝几瓶这种水也许还是有好处呢？

是的，这种水还是可以喝的，多喝水对我们的人体健康肯定是有好处的。只不过它所能提供给人体的氧气并没有宣传得那样富足。国外曾有研究对市场上销售的富氧水进行过调查，发现，市场上常见的富氧水中，溶解氧含量最高的为每升水 80 毫升氧气。而呼吸的时候，普通成年人每次呼吸大约是 500 毫升空气，空气中氧气约占 20%，一次呼吸中大约就有 100 毫升氧气。也就是说，我们呼吸一次所吸入的氧气含量都高于喝一升富氧水中氧气的含量。而这种水，就算你每天喝的水都是这种富氧水，一般最多不超过 3 升，所含的氧气对于呼吸一整天的我们来说，真是微不足道。

看来这"富氧水"确实是没什么明显的作用，很多人看了产品的宣传就信以为真了，有的人还很疯狂地去购买这种水。听了程老师的讲解之后，您还真得好好想想了。不过这雾霾越来越严重，在生活中我们总应该想点办法适当地预防雾霾对我们的伤害？那这水又怎么会越喝越健康呢？

抗雾霾我们不妨在吃上下下工夫。霾中包含着一些有害物质可能通过呼吸道入肺。白色食物对肺有保养功效（图30-2）。

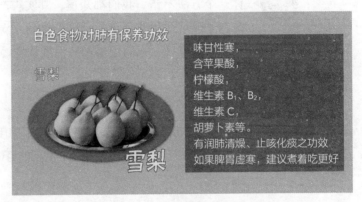

图 30-2　白色食物对肺有保养功效

这个我平时也会熬点喝。那还有什么可以抗雾霾呢？

还有就是山药。山药含有淀粉酶、多酚氧化酶等物质，有利于脾胃消化吸收功能，是一味平补脾胃的药食两用之品。它含一种多糖蛋白质的混合物"黏蛋白"，对肺和人体具有积极的作用。还有银耳和百合，它们做成的百合银耳粥，是不错的选择，注意要选用新鲜百合而非干的，这样的清肺效果最佳。

程老师，那我也教大家一招，那就是白萝卜，白萝卜含葡萄糖、蔗糖、果糖、维生素 C、莱菔苷等，生食熟食都可以。白萝卜中的芥子油、淀粉酶和粗纤维，也具有促进消化，增强食欲和止咳化痰的作用。有一种奶炖萝卜汤很好喝。在葱姜加清水后，将稍炸过的萝卜块和牛奶放入同炖，烂后放盐即可，既滋补又清肺。

你这个方法不错。我们都知道，其实霾产生的主要原因还是在于环境污染。环境污染同样会使水源污染，要想呼吸到新鲜的空气，我们还是得从治理环境污染开始！

没错，治理环境才是根治雾霾的根本之道，这就需要政府部门和我们大家共同努力，从自身做起，早日让我们的天空变得更蓝，我们的身体也会更健康。

感谢以下单位和机构提供政策专业技术支持

（排名不分先后）

国家食品药品监督管理总局

中国疾病预防控制中心

国家食品安全风险评估中心

山西省卫生和计划生育委员会

山西省食品药品监督管理局

山西省疾病预防控制中心

太原市卫生和计划生育委员会

太原市食品药品监督管理局

中国食品科学技术学会

山西省科学技术协会

中华预防医学会医疗机构公共卫生管理分会

中国卫生经济学会老年健康专业委员会

中国老年医学学会院校教育分会

山西省食品科学技术学会

山西省科普作家协会

山西省健康管理学会

山西省卫生经济学会

山西省药膳养生学会

山西省食品工业协会

山西省老年医学会

山西省营养学会

山西省健康协会

山西省药学会

山西省医学会科学普及专业委员会

山西省预防医学会卫生保健专业委员会

山西省医师协会人文医学专业委员会

太原市药学会

太原广播电视台

山西鹰皇文化传媒有限公司

山西医科大学卫生管理与政策研究中心

28检